性格决定命运

蒋佳琦 著

陕西新华出版
太白文艺出版社·西安

果麦文化 出品

序言　性格之问：性格有无好坏之分？

在心理学的课堂上，作为老师，我们时常会主动发起一系列深度讨论，提出一些问题，如"你最欣赏唐僧四位徒弟中哪一位的性格？""在金庸小说中，你最希望拥有哪个角色的性格？"或者"你更喜欢樱木花道还是流川枫的性格？"，等等。这些问题常常能激发学员们的兴趣，也引出一个更深层次的疑问：究竟哪种性格最好？

实际上，这个问题并没有标准答案。我们通常会基于一定的价值观对事物进行区分，然后排序。然而，性格没有绝对的好坏，只有相对的优劣，而相对性的评判取决于两个要素：一是要看该性格是否发挥了优势，而非陷入过当；二是要看该性格是否能适应特定环境。

首先，让我们深入探讨第一个要素：**性格的相对优劣，取决于其是否在发挥优势的同时，又未陷入过当。**

法律中有个概念叫"正当防卫"，意思是在面对他人的非法侵害时，当事人因采取合理的自卫行为而不需要承担法律责任。

如果正当防卫导致的损害超出合理程度，就被称为"防卫过当"，当事人可能需要承担刑事或民事责任。我们不妨用"正当防卫"的概念来理解性格的第一个要素。"优势"这个词并不难理解，它指的是长处和优点；而"过当"是指一个人的性格特点的过度表现，一旦出现性格过当，优点就可能转变成令人无法接受的缺点，或者说短板。

例如在《三国演义》中，诸葛亮对刘备表现出了很高的忠诚度。尽管刘备在很多关键的政治问题上并未采纳诸葛亮的意见，但是诸葛亮仍一心一意，只尽忠义。刘备死后，其子刘禅继位，可他对诸葛亮提出的"亲贤臣，远小人"的意见充耳不闻。但诸葛亮为报刘备的知遇之恩，对刘禅不离不弃，至死方休。忠诚是诸葛亮性格的优点。然而，他急于实现刘备的愿望，六出祁山，使得蜀中战事不断，政局不稳，民生凋敝。百姓盼的是安定的生活，而非"兴复汉室"的美梦。诸葛亮这种过度忠诚是影响他命运走向的重要原因之一。

《包法利夫人》中的爱玛情感丰富，追求浪漫、时髦和新潮，喜欢阅读报纸和时尚杂志，以及欧仁·苏、巴尔扎克和乔治·桑的作品。这种从日常生活中汲取快乐的特质，原本是她性格的优点。然而，后来的她过于追求奢华的生活以及不切实际的浪漫感情。为了满足自己的物质欲望，她慢慢养成了赊账的习惯，变成了我们现在常说的"超前消费一族"。为了还清债务，爱玛放下对圣洁爱情的追求，开始向她的情人们借钱。在和罗道尔夫第一次幽会后，她不但没有丝毫羞愧，反而感觉"她走进一个神奇的世界，一个充满恋情、痴迷和梦幻的世界"。当她再次遇见爱慕自己的莱昂时，控制不住内心的渴望，毫不犹豫地做了莱昂的情人。如前所述，过度追求奢华和浪漫成了她堕落与绝望自杀的两个重要的原因。[1]

《笑傲江湖》中岳不群和左冷禅都把"武林第一"作为目标，这种追求成功与卓越的性格本是优点。然而，他们为之不择手段，进行了不道德的斗争。前者刻意打造自己"君子剑"的形象，机关算尽，收福威镖局少总镖头林平之做徒弟，其实只为骗取对方家传的《辟邪剑谱》，甚至在秘密被人发现后不惜以杀人来掩人耳目；后者不但将称霸之心写在脸上，更是在其他门派安插间谍。对成功的过分渴望，导致他们二人走向极端，陷入疯狂的境地，最终命丧黄泉。[2]这便是性格过当的表现。

项羽自幼就展现出非凡的勇气和野心，在军中崭露头角，迅速崛起为一位杰出的将领。性格中的乐观与自信，是他前期成功的核心因素。然而，盲目乐观和过于自信，导致了他的人生悲剧。首先，他取得过一系列辉煌的胜利，这些胜利使他相信自己无敌于天下。他对自己的能力和军队的实力过于自信，因此在某些关键时刻没能做出明智的决策。他对待刘邦的态度就是一个明显的例子。他认为刘邦不过是一个小人物，没有意识到刘邦的野心和智谋。其次，项羽的盲目乐观使他陷入困境，他没有认识到自己所面临的政治和外交压力，忽视了与各路诸侯的联盟关系，这导致他在巨鹿之战中处于劣势，并最终

---

[1] 侯小珍：《性格决定命运——探析包法利夫人的悲剧根源》，《甘肃高师学报》2017年第8期，第25—27页。

[2] 王玥瑶、钱华：《"真小人"与"伪君子"——试析〈笑傲江湖〉的左冷禅与岳不群人物形象》，《汉字文化》2021年第S1期，第70—72页。

走向溃败。

以上四个例子都表明，过度发挥某一性格特点可能会对个人命运产生不良影响。

大多数性格本身并没有好坏之分，且与道德、能力没有相关性。然而，性格中存在优势和过当的比重不同。根据性格优势和过当的比重，我们可以将性格大体划分为四个类型：A类是不仅充分发挥了自身性格的优势，还通过后天的修炼发展了其他性格类型的优势；B类是自身性格的优势明显，过当的问题较少；C类是自身性格的过当明显多于优势；D类是不仅存在自身性格的过当问题，还因为某些原因"习得"了其他性格类型的过当问题。（见表1）

表1 相对性格分类（基于优势与过当比重的不同）

	自身性格优势	自身性格过当	其他性格优势	其他性格过当
A类	多	少	有	无
B类	多	少	无	无
C类	少	多	无	无
D类	少	多	无	有

我们虽然很难彻底改变自己的性格，但可以专注于性格的修炼，在保留自己性格优势的基础上，逐渐克服自己的性格过当，并吸纳其他性格类型的优势，从而改变自己的命运。

接下来，让我们谈谈第二个要素：**性格的相对优劣，取决于**

性格在特定环境中的适应性。

为了更好地理解这一点，让我们举一个例子。燧发枪是16世纪中叶由法国人马汉发明的作战利器。它相比于过往的弓箭和转轮火枪，不但简化了射击过程，还提升了发射率和射击精度。一个军事小队如果全部配备上燧发枪，就可以变成一股能轻松抵挡传统作战类型（例如骑兵、步兵）的强大战力，但仅限于非雨天。因为一旦大雨倾盆，燧发枪就是一根铁棍，全队顷刻间就会沦为肉搏战中待宰的羔羊。这是工具与环境的匹配度不一致所导致的不同结果。

性格与环境适应性的关系也是如此。例如，平和稳定、不疾不徐的性格特质，在人际交往中一般被视作优点。然而，如果这类人需要进行某位明星的危机公关，该特质就可能不再有明显的优势。相反，那些不惧变化和勇于创新的人往往能够在这一时刻表现出色，因为他们对突发情况的抗拒度偏低，能快速提出新的创意，从而化险为夷。另一项基于五十个网络舆情样本的研究表明，灵机一动相比于深思熟虑，更能取得良好的危机公关效果。[1]

追求自我的性格特质在艺术创作中非常宝贵，然而，如果工作任务是慰问老年人和儿童，这个特质可能并不那么适配。相比之下，具备亲和力和以他人为中心的性格特质，以及能够进行情感互动的性格特质，更适合涉及老年人和儿童的相应情境，使人能够更快地与他人建立联系，传递温暖和关怀，从而

---

[1] 邵文武、张滢、黄训江：《自媒体时代下企业网络舆情应对策略研究——基于李宁、海天等五十个案例的组态研究》，《情报探索》2024年1月，第75—83页。

更好地完成工作。

再比如，如果某个企业岗位强调速度、激情、改革和创新，那么外向型员工通常会比内向型员工更有优势。相应地，如果一个岗位的工作要求稳定性和规律性，那么内向型员工可能会更适配一些。

有一部电影叫《完美的日子》，它获得了2023年戛纳电影节金棕榈奖的提名，讲述了一名厕所清洁工人的日常：故事主人公平山每天早晨按时起床，随后开车前往自己负责的几个公共厕所进行清扫，中午在公园长椅上吃顿简餐，傍晚下班，作息十分规律。平山对这样高度规律的工作乐此不疲。因为他的性格偏内向，稳定和规律是他的追求，而这份工作的环境恰好满足了他的追求，于是他成了公司里面最靠得住、领导最推崇的优秀员工。同公司还有一个性格外向的同事，他总是消极怠工，很快就辞掉了这份工作。因为对同事而言，工作期间不能跟人交流，工作内容毫无变化，简直是折寿。既然自己不喜欢，领导也不欣赏，不如一走了之。

虎应啸于丛林，鹰宜翔于天空，摸清自身性格，找对匹配方向，"开挂"升级的速度才会直线上升。在评价自己性格的同时，还要防止因性格过当而影响自己的命运。

在历史学者吕世浩看来，学习历史的正确方式绝不是死记硬背时间、事件和人物，而是从前人的成败中反思自己，对胜利成竹在胸，对败亡未雨绸缪。

本书的第一部分将会剖析常见的16种性格过当，第二部分则提供了实用的 16 种"药方",旨在帮助更多的人认识并完善自己的性格。

只有将命运牢牢掌握在自己手中的人,方为智者!

目 录

第一部分　性格之伤：16 次自检，防止性格过当

第 1 讲　忌内耗 …………………………………… 003

第 2 讲　忌起伏 …………………………………… 009

第 3 讲　忌轻率 …………………………………… 014

第 4 讲　忌情绪化 ………………………………… 019

第 5 讲　忌超负荷的爱 …………………………… 023

第 6 讲　忌倔强 …………………………………… 028

第 7 讲　忌理想化 ………………………………… 033

第 8 讲　忌控制过度 ……………………………… 040

第 9 讲　忌过分热心 ……………………………… 047

第 10 讲　忌不真实的完美 ………………………… 051

第 11 讲　忌口无遮拦 ……………………………… 055

第 12 讲　忌苛责 …………………………………… 061

第 13 讲　忌过分迁就 ……………………………… 065

第 14 讲　忌自我中心 ……………………………… 069

第 15 讲　忌缺乏目标 ……………………………… 073

第 16 讲　忌不肯改变 ……………………………… 077

第二部分　性格之愈：16种解法，完善自身性格

第17讲　宜顺天性 …………………………………… 083
第18讲　宜协调互补 ………………………………… 090
第19讲　宜变通 ……………………………………… 094
第20讲　宜控制情绪 ………………………………… 101
第21讲　宜自律 ……………………………………… 105
第22讲　宜认可他人 ………………………………… 109
第23讲　宜摆脱感性束缚 …………………………… 114
第24讲　宜立志履行 ………………………………… 118
第25讲　宜打败拖延 ………………………………… 123
第26讲　宜打破纠结 ………………………………… 129
第27讲　宜培养悲观思维 …………………………… 134
第28讲　宜跳出自证陷阱 …………………………… 138
第29讲　宜自嘲 ……………………………………… 143
第30讲　宜用爱包裹 ………………………………… 147
第31讲　宜释放 ……………………………………… 152
第32讲　宜共情 ……………………………………… 157

第一部分
性格之伤

16次自检,防止性格过当

第 1 讲 忌内耗

2024年央视春晚中,一个创意十足的群口相声《导演的"心事"》引发了大家的关注。它对性格学的讲解与传播也有着一定的贡献。正所谓"外行看热闹,内行看门道",演员们用诙谐幽默的方式呈现了内耗型人格的复杂心态。

逗哏演员身后始终站着几个人,这些人代表着他内心的好几个"想法",包括喜欢把事情往好了想的乐观的想法,喜欢把事情往坏了想的悲观的想法,没什么逻辑、比较跳跃的想法,容易剑走偏锋、毫无章法的"歪"的想法,一闪而过的想法……其中还有个包袱,说他的"想法"还有很多,但后台演员不够用了,否则还会上来不少。

该相声提供了一个具体的场景,即导演突然用微信给演员发来一条"在吗"。现实生活中如果遇到这种情况,比较外向又大大咧咧的朋友,要么直接回问"什么事",要么就直接忽略,等对方说明有何事了再回应。可如果一个人心思细腻,内心想法很多,遇到这种信息时,就容易出现高度内耗的现象,因为他会从各种角度去猜这到底是什么意思。

悲观的想法：我要回"在"，他肯定让我多干活；我要回"不在"，那我就是有毛病。

乐观的想法：等会儿再回可不行，万一有好事就耽误了。

"歪"的想法：导演其实不是问我在不在，而是在测试他自己的手机网络好不好用。

于是他的思维陷入混乱，不知道接下来该怎么做。可他正准备回消息的时候，却发现导演撤回了消息。一般人遇到这种情况都会想：人家都撤回了，那就说明没事了。可此时，主人公那些内耗的想法又开始活动了：这导演好好的撤回什么呢？关键导演知不知道我已经看见了呢？那导演是希望我看见，还是不希望我看见呢？但是"撤回"俩字我肯定是看得见。那我是回还是不回呀？导演会不会给我加戏？但是他撤回了。导演要给我涨片酬？但是他撤回了。导演要让我当主演？但是他撤回了。导演会不会不想用我了？但是他撤回了。他想干什么他都撤回了。主演的位置空缺了很长时间，导演是不是因为这事特着急？他一着急，会不会自己当这个主演，然后把导演的位置让给我……

他内心的各种想法争执不休，旁边的捧哏着急了，劝他直接打电话问导演怎么回事，结果真相让人啼笑皆非：原来导演只是想让人帮忙买杯咖啡，所以群发了"在吗"，有人答应了帮忙，导演便撤回了这条信息。

不知道你在生活中是否遇到过这样的人：他们心思细腻，想法丰富，且做事的时候追求周全。在很多场景下，这些特质都是性格的优势，可一旦这些优势发挥过头了，就会出现敏感、多虑、瞻前顾后等问题，最终既让自己内耗得难受，又把小事放大，搞得无法轻松终结。难怪有部分网友表示自己在看相声的时候哭笑不得：因为这演的就是现实中活生生的自己。

内耗即"精神内耗"，又称"心理内耗"，是心理学中的一个概念，是指一个人的内心有两个乃至多个观点或感受不同的"自我"纠缠在一起，相互冲突和碰撞，导致心理资源被过度消耗而出现的精神倦怠。这种内耗40%左右来自对未来的担忧，30%左右源于过去的事情。用当前比较流行的迈尔斯－布里格斯类型指标（Myers‐Briggs Type Indicator，MBTI）来分析的话，会比较容易解释。（见图1）

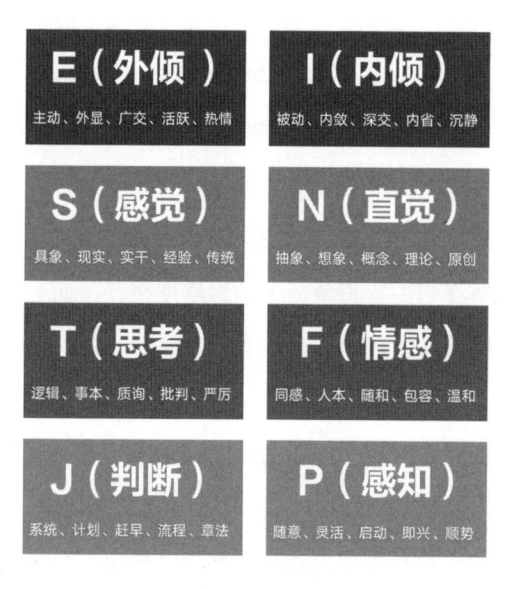

E（外倾）	I（内倾）
主动、外显、广交、活跃、热情	被动、内敛、深交、内省、沉静
S（感觉）	N（直觉）
具象、现实、实干、经验、传统	抽象、想象、概念、理论、原创
T（思考）	F（情感）
逻辑、事本、质询、批判、严厉	同感、人本、随和、包容、温和
J（判断）	P（感知）
系统、计划、赶早、流程、章法	随意、灵活、启动、即兴、顺势

图1 MBTI四维度示意图

MBTI将个体行为差异分为四个维度，包括精神能量指向、信息获取方式、决策方式及生活态度取向。每个维度包括两个方向，代表不同的偏好倾向，分别是外倾型E—内倾型I，感觉型S—直觉型N，思考型T—情感型F，判断型J—感知型P。四个维度的不同偏好倾向组合起来，形成16种人格类型。

上述因想法太多导致高度内耗的情况，更多出现在INFJ这种性格类型的人身上。

I（内倾型）人往往少说多想，相比E（外倾型）人的主动询问更喜欢被动思考，所以当一个含糊的信息出现在自己面前时，他们一般不会主动开口问"什么情况"，而是先在脑袋里展开思考，间接明确答案。

N（直觉型）人往往比较务虚，喜欢幻想，爱凭直觉处理问题，所以他们往往是灵感和创意的高手，而S（感觉型）人更倾向于靠现有的事实和数据来分析客观事实。比如看到一盘水果，S（感觉型）人想到的可能是"那是一个苹果、两个梨和三根香蕉"，但N（直觉型）人却可能会想到"健康丰盛，有太阳、绿叶和土地的芬芳"。正因为N（直觉型）这种高度发散的思维，他们可以基于一个事实进行想象力上的多维度展开，而如果接触的信息本身就含糊不清，那他们就更会产生多种（有时甚至是毫无根据的）联想，而S（感觉型）人往往只会做基本的观察。

当突发事件来了，T（思考型）人往往会基于理性的分析，对事情本身做出客观的判断，但F（情感型）人相比事情更在乎人，他们对感受的重视程度要远远大于前者，所以"对事不对人"这句话对T（思考型）人来说是简单易行的，但对F（情感型）人来说却是难如登天。所以当一个模糊的信息出现时，F（情感型）人的感受就会瞬间被激发出来，进而影响他们的客观分析。

J（判断型）人相比P（感知型）人，最大的一个特点就是不接受变化和随意，更喜欢明确和固定的事物，这也导致了他们更喜欢提前出门、做足计划、考虑风险、明确信息，这会让他们产生巨大的安全感。也正因为如此，一个模糊的信息对他们来说可谓灾难，因为不确定性本身就会激发他们的焦虑。[1]

逐个解析以上八个字母后，相信聪明的你也清楚为什么内耗现象会频繁出现在INFJ这种性格类型，而不是其他性格类型的人身上了。含糊不清的信息来了之后，INFJ的人非常想要明确信息（J），但他们又不愿意直接去问（I），只好在心里展开丰富的联想（N），最后让自己深陷复杂的情绪之中（F），无法自拔，可能也会因此错过许多本该属于自己的机会。

有一个在电影剧组工作的INFJ小伙子，在片场认识了一位管伙食茶水的大姐。那位大姐对他格外照顾，这让他产生了奇妙的感觉，时间一长就爱上了大姐。但他无法确定那位大姐到底是看他年轻才特意照顾，还是对他有好感。他不敢去问，一来害怕会错意，二来害怕被大姐拒绝令自己难堪。于是这个小伙子开始高度内耗，不但工作中经常出现恍神的现象，还刻意躲避那位大姐以做些许试探。两个月后，电影面临杀青，他觉得自己实在是喜欢那位大姐，不能再错过机会，正准备鼓起勇气去表白，结果大姐跑来跟大伙说："向大家报告个好消息，我要结婚了。"这个晴天霹雳把小伙子打蒙了。

日常生活中的我们虽然不一定内耗到如此极端的程度，但偶尔也会出现这样内耗的现象。但凡性格类型中的四个字母有一个

---

[1] 伊莎贝尔·布里格斯·迈尔斯、彼得·迈尔斯：《天资差异：人格类型的理解》，张荣建译，重庆出版社，2008。

不同，结果就会产生差异。因为在这种说不清道不明的情况下，E（外倾型）人可能直接就去问了；S（感觉型）人不容易有太多丰富的联想；T（思考型）人不容易受情绪影响而倾向于做客观理性的决策；P（感知型）人可能就会随性处置，爱咋咋地。

可如果要在这四个字母里选择一个以根除内耗问题的话，那么相比之下E（外倾型）会更有优势。因为在前文那个相声的结尾处，捧哏也说了："你直接问不就完了嘛！"逗哏也确实因为主动询问而快速地成功脱困。有时让你多虑的事情其实并没有那么复杂，可能三两句话就能说清。行动是摆脱内耗的最佳方法，想说的话赶紧说，想做的事就尽快做。任何性格的修炼都是从一次次小的改变开始的，所以先努力改变一次，尝到改变的甜头后，可能就会愿意做更多的尝试。久而久之，内耗就不会成为你的性格弊病了。

第 2 讲 忌起伏

早年有一部引人入胜的意大利电影，名为《卡比利亚之夜》，生动地呈现了一位姑娘失恋后的心路历程。卡比利亚性格活泼开朗又纯真，深陷情网。然而她的心上人却是个骗子，将卡比利亚的所有财产骗得干干净净。更可恶的是，当他得知卡比利亚不会游泳时，竟带她到河边嬉戏，趁她不备，毫不留情地将她踢进河中，然后带着钱逃之夭夭。

卡比利亚被善良的路人救起，从此她踏上了一段充满情感波折的分手之路，经历了一系列典型的情感阶段。[1] 她先是选择否定一切："不可能！肯定不是他将我踢进河的！我深深地爱着他，他肯定也深深地爱着我！他绝对不会如此绝情，他一定是去寻求警察的帮助了，或者他正在家等我！他不可能是个背叛我的人！纵然全世界都不信任他，我仍会坚信他！"

但当她满身湿透地跑回家，发现家里被洗劫一空，她陷入第二个阶段，开始怀疑自己所经历的一切："难道他仅仅为了金钱而

---

[1] 李嫣：《〈卡比利亚之夜〉：费里尼微观悲剧与心灵的觉醒》，《电影评介》2019 年第 22 期，第 97—100 页。

与我交往吗？我的真诚未能换回他的真心吗？难道真的是他将我踢进河中？他之前说过的情话，要和我永远在一起的承诺，都是虚伪的吗？这怎么可能！这怎么可能！"

她的邻居看到这一切，对她说："我早就看出那个男人不怀好意了，之前我劝你你不听，现在他跑了，你的钱也没有了。"卡比利亚听后心情更坏了，随即进入第三个阶段——愤怒和发泄。她在屋内大声喊叫："可恶的家伙，我全心全意对你，将我的薪金都给你，你却如此对待我！你这个骗子！"然后她在屋里大肆破坏家具，将两人的照片撕得粉碎，然后在户外点火将一切焚毁。

当她看到照片在熊熊烈火中逐渐变成灰烬，再看到自己身后破败的房间和身上沾满泥水的裙子，她进入第四个阶段，崩溃和大哭："为什么我这么不幸，上苍为何要如此对待我！我对他如此好，为何他要欺骗我，我这一生都无法拥有真爱了！"任谁劝也劝不住。

如果你也是那种在遇到突发事件时情绪波动明显的人，那么你应该会与卡比利亚产生共鸣。情绪波动往往来去匆匆，虽然这种性格的人会急速陷入情绪低谷，可一旦出现新的目标或令他们开心的事情，他们往往能够快速从低谷中走出，仿佛什么都没有发生过一样。就像卡比利亚，她后来在大街上遇到一位当红电影明星，就迅速忘记了那个将她踢进河中的男人，开始了一段新的爱情。

与卡比利亚类似的角色有很多，他们都曾经历情感的波折，但最终找到了新的方向和快乐。这些人通常具有极高的情感爆发力和情绪表达能力，他们的情绪如同波浪一般起伏，这种起伏往往会让他们成为气氛的带动者以及他人喜怒的共鸣者。让生活更加多彩，这原本是一种性格优势，可一旦起伏波动过大，就成了没人能阻拦的一颗炸弹，甚至还会影响自己的生命健康。[1]

相比之下，情绪起伏较小的人更具备内在的力量感。以生病为例，他们中的有些人会因乐观豁达的性格而选择淡然面对，另一些人也因坚忍的性格而拒绝屈服。这些高度理性且不受情绪左右的人认为，相比于当前的病痛，还有更为重要和有价值的使命等待他们去履行，因此并不需要特别为此停下脚步。即便病情恶化到必须卧床养病，也要确保手机、iPad、笔记本电脑等工作工具放在床头柜上，以便随时跟进工作。

1693年，康熙帝突然得了疟疾，时而全身滚烫，大汗淋漓；时而打冷战，不停地打摆子。更令人困扰的是，京城的御医都无法提供有效的治疗方法，一些官员甚至已经准备好迎接皇帝的不幸。康熙虽然重病在身，但没有忘记国家大事，他下旨："朕因身体违和，于国家政事久未办理，奏章照常送进，令皇太子办理，付批本处批发。"他一来是怕自己的病引起国家上下的恐慌，二来也是对外显示出一种战胜病魔的信心与态度。[2] 幸运的是，两位从法国远道而来的传教士刚刚研制出专门用于治疗疟疾的奎宁，康熙帝服用后很快便康复了，没有发生最坏的情况。

若你对《三国演义》稍有涉猎，或许会发现在著名的官渡之战中，与其讨论曹操之聪慧，不如讨论袁绍之自我蹶跌。袁绍的情感起伏颇为剧烈，容易受情感驱使。当时，曹操要出兵先攻打

---

1 张文堂：《情绪对人体的影响及调节》，《求医问药（下半月）》2012年第3期，第616页。
2 陈事美：《300多年前，奎宁救了康熙一命》，《南都周刊》2015年第21期，第53页。

刘备以稳固后方，袁绍麾下谋士田丰建言，称此刻乃是趁曹操出兵偷袭许都的绝佳时机。可谁曾预料到，就在这时，袁绍最疼爱的儿子患病，痛苦难忍。关心爱子乃人之常情，奈何袁绍被田丰的劝说所扰，拒不发兵。这一系列情感波动迅疾而强烈，导致战机流失，而曹操则成功击退刘备，士气高昂，背后形势也趋于稳定。袁绍因在关键时刻受情感控制，错失了绝佳机会，一着不慎，全盘皆输。

　　袁绍情绪起伏的弱点在此事件中表露无遗，因为极易受情感波动左右，难以分辨事件的轻重缓急，致使败局发生。如今想来，他或许应当明智而寡情，即便他的儿子身陷急病之中，只要腾出片刻下达军令，战事也不会受阻。但他因于情感波动，难以自拔，外在行为全然受情感控制，一会儿欣然接受建议，一会儿又因情感波动不予理睬。这种性格的人是否能胜任领导职责呢？这是一个值得思考的问题，也是值得现代管理者重点关注的问题，因为他们背负的并非一个人的利益，而是整个团队成员的福祉。

　　我一直很喜欢电影《火星救援》，男主角虽被独自遗弃在火星上，但在冷静而艰难地生存了500多天后成功回归地球。他在电影结尾对着一群大学生讲道："那里是太空，它不会顺着你。不知道什么时候，就会屋漏偏逢连夜雨，而你只能说'就这样了''我完蛋了'。这个时候你要么接受现实，要么去努力。你只要开始动起来，解决掉一个问题，然后去解决下一个问题，然后再下一个，如果你解决掉足够多的问题，你就能回来了。"其实他也有明显的情绪波动，尤其是在得知自己还要继续独自生活500多天后才能重返地球时，但他并没有因为情绪起伏过度而失控，这也直接影响了他的命运。

在人生的旅途中，无论是身体方面还是精神方面，我们都会遭遇各种挑战和逆境。有时候，我们会像卡比利亚一样经历否定、怀疑、愤怒、崩溃的情绪起伏，但这也是生命中的一部分。当我们能克制这些情感波动的程度与频次，并重新找到内心的平静时，就会有新的机会和希望等待着我们，而跨越过去的这段历史，也将是我们生活中的珍贵财富。

第 3 讲 忌轻率

做事谨慎的人，通常倾向于仔细思考后才下决策，制订计划之后再采取行动。尽管这么做看起来可能会减缓进程，甚至在表面上显得滞后于他人，但在实际执行中，这种谨慎性格却能帮助人们规避风险，增加事情的成功概率。与之相对的是做事随性之人，他们不喜欢制订计划或深思熟虑，对束缚感和过慢行动持有抵触态度。这种追求自由、舒适、率性、速度且抱有高度乐观的态度，在一些场景中是性格优势，可如果过度就变成了轻率，这自然是一种性格过当，假使将其运用在重要事务上，容易造成个人命运的转折，对企业组织则容易造成巨大的损失，令人后悔莫及。[1]

唐代诗人王昌龄《出塞》一诗曰："秦时明月汉时关，万里长征人未还。但使龙城飞将在，不教胡马度阴山。"诗中的"龙城飞将"，指的是汉武帝时期的大将李广。后世许多人为"李广难

---

[1] 陈堂安：《华硕：轻率酿苦酒》，《新电子·IT经理人商业周刊》2002年第9期，第6页。2000年年末，主板业巨头华硕公司豪情万丈地将1.4亿元广告费砸向PC市场，大有要做中国PC市场老大的气势，结果隔行如隔山，损失惨重。对此，陈堂安评论道："变化的市场是不允许任何企业因为实力雄厚而草率从事的，无论你有多优秀，都必须遵循市场规律办事，才能规避市场风险。否则，仗着某方面有实力就盲目认为自己在哪方面都行，等来的无疑只有失败。"

封"而哀叹不已，然而李广难被重用，与他性格过于轻率是分不开的。与李广同时期的程不识是谨慎型的将军，其行军布阵严整，士兵巡逻执勤严格，下层的军官研究军务一丝不苟，直至天明。所以程不识的部队一来难遭袭击，毕竟匈奴人远看阵营整齐，不敢贸然进攻；二来即便遭到袭击，也可以游刃有余地抵抗。程不识很受汉武帝喜欢，因为总是小胜，总是不败，是一张安全牌。

李广则是截然不同的风格，行军几乎从来没有队列、驻营、阵势一说，战士们怎么舒服怎么来，晚上不打更自卫，参谋部中的各种文书战策也是越简略越好。李广的军队无组织、无纪律，毫无章法可言，甚至还贸然耍过草原版的"空城计"。这就很让领导头痛：你说他不行吧，他偶尔能给你打出精彩的成绩；你说他行吧，只要让他带兵出征，领导就眼皮狂跳，心脏直突突，因为你永远不知道他会轻率地干出什么事来。而且他的轻率匈奴人早就有所耳闻，但凡见到李广的队伍，他们就直接开打。

李广的轻率不光在打仗时显现，在战后也频繁发挥影响。《史记》中记载了王朔和李广的一次亲切交谈。王朔问李广："将军回想一下，曾有过悔恨的事吗？"李广说："我任陇西太守时，羌人反叛，我诱骗他们八百多人投降，然后一天就把他们杀光了。直到今天我最悔恨的就是这件事。"王朔听后总结道，这或许就是李广难以封侯的原因了。

李广这种轻率而不严谨的性格，既决定了他不受领导喜欢，也导致了他最终的悲剧。在军中既没有归化汉朝的匈奴向导，也没有通边情地理、晓匈奴语言的汉人向导的情况下，他仍然出征，导致大军无法在预定时间和地点与各将领之间配合并协调捣巢，最后李广因未能参加主力决战，愤愧自杀。

完美的前提是完成。一个人即使行动迅速，但如果一开始就以轻率的态度处理事情，最终仍会失败，执行力再强也没了意义。轻率的人如果具备抵御风险和及时纠正错误的能力，或许有机会达到目标，如果没有这种能力，可能会付出更大的代价。

郑小姐在浙江某地的服装公司工作，熟悉服装市场的她，一直想开一家自己的店。2008年，她开始找寻服饰品牌，想加盟开店。通过网络，郑小姐联系了福建一家服装公司的浙江总代理叶某。在考察了服装的款式、面料、价格和加盟方式后，郑小姐与叶某签下了合同。但她只关注利润，根本没有想到审查合同，拿过对方提供的制式合同就轻率地签了字。刚开业时，生意还可以，但半年后，销售额每况愈下，叶某以销售未达到要求为由，停止了供货。郑小姐四处打听得知，早在两个月前，叶某就开始向当地的另一家裤行供货，导致该裤行与她的服饰店形成竞争关系，而且该裤行的货品价格比她店里的要低。

郑小姐认为叶某不守信用，没有按承诺实行区域保护。叶某却拿出加盟协议，称协议里并没有"独家经营权"的字样。郑小姐不服，将叶某告上法庭。但起诉后不久，郑小姐经查询得知，叶某竟然没有工商执照，无权签订加盟合同，郑小姐只能吃下这个哑巴亏，辛苦多年的积蓄付诸东流。[1]

类似这样的报道时常出现，我们在哀叹他人的不幸时，也要警惕自己因轻率而跌入财产损失的深坑。一个相对中肯的建议

---

[1] 赵小林：《加盟太轻率，差点血本无归》，《现代营销（经营版）》2011年第3期，第37页。

是，假如自己已有过轻率的行为，那么未来需要做重大决策时，找一位平日比较谨慎的亲友做参谋，或许就能大幅度降低失败的风险。

有一个典型的例子来自培训师小许。小许因为擅长做针对主播的直播培训，在业内小有名气，他不但形成了自己的教学风格，还研发了自己的教学课件。有个网红想借助自己的人脉建立一个主播培训机构，经好友介绍，邀请小许负责其中一个板块的教学，但表明只是临时合作，并非独家。小许很珍惜这次机会，也因此完善了自己的课件。距离首次开课半个月前，小许收到了合同，对方催促他签字，说这是"常规的培训合同模板"。小许没有因为对方是网红便轻率地签字，而是请做事素来谨慎的父亲认真查看了合同条款，结果真的发现了问题——其中一条规定小许在教学中使用的所有内容在本次培训结束后都将由该培训机构长期持有版权，这意味着小许未来非但无法再与其他机构合作，甚至连自己开课时也无法使用过往的教学内容。

小许质问对方为何会有该条款的存在，对方含糊其词，只以"常规合同模板"和"其他讲师也都签了"为由，催促小许签字。经过谨慎考虑，小许最终放弃了这次机会。

在推崇谨慎的同时，我们不能一味地批评轻率，因为轻率本身包含了创新和灵活的成分。我们需要的是创新、灵活与谨慎的结合体，即在风险可控的基础上进行创新，在深思熟虑后迅速采取行动，在需要时做出灵活的调整。

不要一味坚守原计划，而要具备应变能力；也不要一味追求创新，而要具备审慎思维，这才是智者所为。"三思而后行"是关于谨慎的至理名言,但它还有后半部分:"子闻之,曰:'再,斯可矣'。"孔夫子的意思是不要反复犹豫,想两次就已足够,然后就可以大胆行动了!

第 4 讲 忌情绪化

人生在世,情绪一直伴随着我们。快乐的情绪可能使人忽略潜在风险,愤怒的情绪容易使人丧失理智,哀伤的情绪可能导致食欲减退,恐惧的情绪往往将个体束缚于原地……这些是情绪的消极影响,当然,情绪还会带给我们很多益处。

有一项实验将参与者按是否害怕蛇分成两组,随后将他们分别安排到两个布满茂密草丛的密闭房间,并告知他们每个房间各有一条蛇。结果显示,怕蛇者发现蛇的速度比不怕蛇者平均快了两秒。这个实验证明恐惧能够提高警觉,有助于人们规避风险,保障生命安全。我们可以合理推断,若这两组参与者踏足《鹿鼎记》中的神龙岛,那些不怕蛇的人可能更容易被蛇咬。

武松为何能在景阳冈上赤手空拳制服老虎,单凭"英勇"或许不能完全涵盖这个故事的本质。实际上,武松之所以能成功,与他内心的恐惧情绪是分不开的,毕竟若不成功,他自己将命丧虎口,打虎之举可看作不得已而为之的背水一战。这两个例子都说明了恐惧情绪对人身安全的积极意义。

愤怒的情绪有时也能带来不少益处。经典歌剧《白毛女》在延安首演即成功，掀起全国观演热潮。据作家丁玲描述："每次演出都是满村空巷，扶老携幼……有的泪流满面，有的掩面呜咽，一团一团的怒火压在胸前。"《白毛女》也成了当时解放军鼓舞士气的经典剧目。在东北，锦州战役前，前线战士们看了《白毛女》后，"恰似在烈火上加泼一瓢油，使火焰烧得更为炽烈，到处响起一片'要为喜儿报仇'的口号，飞起千万张请战杀敌的决心书"。[1]

另一个例子来自一张经典的照片。1941年，英国首相丘吉尔在北美演讲，号召美国民众与英国人民一起抵抗纳粹的进攻。摄影师优素福·卡什想为丘吉尔拍一些照片用作宣传。他在拍摄时耍了点小伎俩，出其不意地夺走了丘吉尔嘴里的雪茄，丘吉尔的愤怒难以遏止，自然地流露出来，优素福·卡什赶紧按下快门，拍下了那幅经典的《愤怒的丘吉尔》。而这一幅"英格兰斗犬"的模样也确实鼓舞了盟军战士和无数反法西斯国家的民众。[2]

鲜为人知但值得一提的是，当时优素福·卡什还拍摄了一幅《微笑的丘吉尔》。[3]然而，《生活》杂志最终选择刊登《愤怒的丘吉尔》，原因显而易见，虽然微笑能给予人们希望和力量，但愤怒的情绪在当时更有助于鼓动人心。

兴奋的情绪也能够带来各种积极的影响。我时不时会前往新疆餐厅品尝美食，不仅因为我喜欢新疆菜肴，也因为我欣赏那里洋溢的欢乐，客人们常常载歌载舞。这种令人兴奋的氛围不仅能

---

[1] 杨鹤：《情感动员：歌剧〈白毛女〉的情感史意蕴》，《中华女子学院学报》2024年第1期，第92—99页。

[2] 郭建良：《经典照片对新闻摄影的启示》，《新闻与写作》2012年第7期，第90—93页。

[3] 徐志雄：《〈愤怒的丘吉尔〉与〈微笑的丘吉尔〉原作同时亮相》，中国新闻网2015年11月2日，https://www.chinanews.com/cul/2015/11-02/7601951.shtml。

够促进人们之间的友谊，还能够创造许多互利共赢的机会。

事实上，每一种情绪都蕴含各自的正面价值。例如，懊悔能够促使人反思，避免再犯同样的错误；紧张能够使人高度集中精神，应对未来的挑战；快乐能够让人抛开压力和烦恼，提高积极性；哀伤也能够启发人，众多艺术家因哀伤而创作出不少杰出的作品。

真正令我们陷入困境的，是"情绪化"。在特殊情境下产生情绪是正常的，否则我们将与机器无异。然而，我们需要尽量避免情绪化，因为情绪化意味着在特殊情况下，将自己的行动完全托付给了情感，人被情绪掌控，而不是冷静分析问题、理性解决问题、耐心请教他人。在情绪的驱使下，人们会不顾后果地横冲直撞，往往造成后悔莫及的结局。过分伤心容易损伤身体；过分生气容易导致伤害肉体与精神的举动；过分恐慌容易导致长期自卑；过分激动也不行，《儒林外史》中的范进在中举后的疯癫行为就是最好的例子。

在电影《我们一起摇太阳》中，"没头脑"吕途一开始认识"不高兴"凌敏时，不论凌敏去哪里他都尾随。凌敏作为伴娘参加闺蜜的婚礼，吕途为了混入婚礼现场，扮作兼职的婚礼摄像师。在婚礼结束后，新郎新娘为了答谢伴郎伴娘，围在一桌吃饭，并且乘兴玩起了整蛊小游戏。某位伴郎借着酒劲决定戏耍一下凌敏，被吕途看在眼里，他完全被愤怒的情绪掌控，不但大声呵斥对方，甚至还扑上前去跟对方扭打在一起。结果婚礼现场变成了警察办案现场，一对新人难堪至极，伴郎和吕途受伤严重，凌敏对吕途的行为也没有多领情。

应该承认，这是个多方皆输的结局。那位伴郎戏耍女性的意图诚然需要指责，但是不是有更好的办法来处理类似的状况？这值得我们思考。吕途将行动完全交付给情绪，冲动地以武力作为解决问题的方式，只会导致问题的恶化，同时也让别人看低了自己。可以想象，假使凌敏的亲朋好友知道有这样一个容易情绪化的男生在追她，大概率会以担心她的人身安全为由，阻止他俩在一起，毕竟过于情绪化的人本身就像炸弹一样危险。

诚如前文所说，阻止情绪产生并非我们需要解决的问题，事实上也无人能做到。我们真正需要研究和解决的问题是在情绪产生后如何避免情绪化，因为这可能关乎着我们的命运。具体的修炼方法，我们会在本书的第二部分深入探讨。

第 5 讲 忌超负荷的爱

爱情是人类最美好的情感之一，它赋予我们快乐、安慰和归属感。一段美好的爱情关系还可以带来许多好处，譬如增进幸福感、提升生活质量等。然而，假使我们过度地将爱情寄托在对方身上，并期待对等的回报，往往会给对方带来压力。特别是当对方无法以我们所期待的方式回应时，就可能导致矛盾和分歧的产生，甚至是感情的破裂。

三十多年前的《东京爱情故事》曾轰动一时。男主角永尾完治在二者择其一的选择题中，最终选择了更为传统的关口里美，这令许多观众疑惑：赤名莉香那么外向、可爱、讨人喜欢，看上去几乎是完美的爱人，为何完治选择了里美呢？对于这个问题，网络上的意见分歧很大，甚至有过激烈的争论。年轻时的我是莉香的坚定支持者，坚信她不仅是完治的最佳选择，还是全世界男性的理想爱人，我也曾激愤于完治的木讷和不识好歹。

在学习了许多心理学知识，也通过培训和咨询工作接触了许多感情问题之后，再回头看这部剧，我当初的偏见已完全消除。如前文所说，任何一种性格的好坏都是相对的，所谓"甲之蜜糖，乙之砒霜"，莉香的性格究竟适不适合做爱人，要看她跟谁在一起。事实上，对于完治来说，里美确实比莉香更适合他。原因很简单：莉香给予的太多，完治难以承受；莉香需要的也多，完治无法满足她的需求。

让我们用"水滴"和"水桶"[1]来比喻莉香和完治在爱情中的付出和需求。在这个比喻中，"水滴"代表主动给予的爱，而"水桶"代表对被爱的需求。如果我们将莉香和完治组合在一起，画面会如图 2 所示：

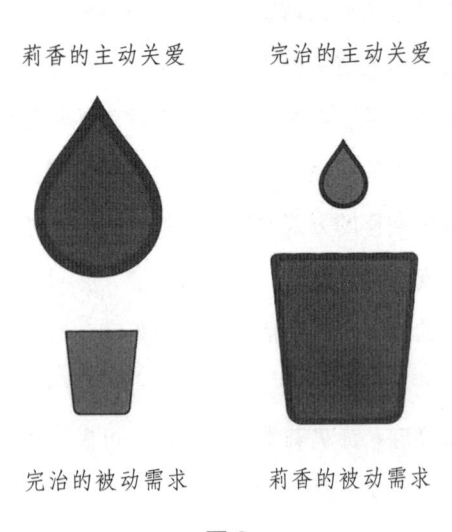

莉香的主动关爱　　　完治的主动关爱

完治的被动需求　　　莉香的被动需求

图 2

---

[1] 该方法来自心理学家威廉·舒茨开发的人际关系评估工具 FIRO-B。FIRO-B 的全称是"基本人际关系取向—行为"（Fundamental Interpersonal Relations Orientation-Behavior），旨在帮助个人了解他们在人际关系中的行为倾向和偏好，以及与他人交往的方式。FIRO-B 评估通常涉及三个维度：所需的归属（Inclusion）、所需的控制（Control）及所需的情感开放性（Affection）。通过了解这些维度，人们可以更好地理解自己与他人的关系互动方式，有助于改善人际关系和团队合作。

完治的性格木讷，作为一名从农村来城里靠自己打拼的年轻人，他对被爱的需求并没有那么高，自己在爱的表达上也缺乏主动性，但这种"草食系男子"[1]的样子是吸引莉香的原因之一。莉香因为自身成长环境的原因，对爱情的主动性和需求量都很高，颇有"肉食系女子"的味道，所以她会用阳光般的笑容与积极的行动去与完治相处，并期待对方也能给出对等的回应，因此完治在这段感情中备受压力。

女二号里美则不一样，她的性格与完治有些类似，像一杯温水，既不太烫也不太冷，温度刚刚好。她对待男人不会太主动，也不会太被动。放在人群中，她不会太引人注目，而她与完治在一起的话，画面将如图3所示：

里美的主动关爱　　完治的主动关爱

完治的被动需求　　里美的被动需求

图 3

里美对爱情的态度，恰好符合完治的心理需求，既不会给完

1　与下文的"肉食系女子"概念均源于日本。草食系男子指性格温和、没什么野心、较为被动的男性；肉食系女子与草食系男子相反，她们聪明、有活力，且积极主动。

治太大压力，又能满足彼此的需求，所以他们相处起来更容易。这并不意味着像莉香这样的人就没有幸福的结局。如果能找到同样性格的爱人，两人的"水滴"和"水桶"都很大，那么他们之间可能会有一场轰轰烈烈的爱情。哪怕在外人看来，两人的浪漫与疯狂堪比琼瑶剧的主角，但对"莉香"们来说，这绝对是全天下最美好的事情！当然，如果"莉香"们遇到的不是同类性格的人，只要他们能够意识到自己给别人带来的压力，并随之转变自己过当的行为与需求，也将走上一条自我解脱之路。

现实生活中也有很多这样的例子。

曾经有一位名叫乐乐的学员向我倾诉他的难题。他的女朋友过于主动，经常给他分享各种有趣的网络视频和她的日常生活。有时候他关机开会一个小时，打开手机发现女朋友已经发来了数十条信息，并希望两人之间能有交流和互动。恋爱初期他还很高兴，认为这是情侣之间亲密交流的一部分，但随着时间的推移，他开始感到厌烦。每当他看到女朋友发来大量信息，就会感到恐慌：如果不回复，会让对方觉得被忽视了；如果只是简单回复，又会感觉"有危险"，因为他知道女朋友很在意感受，且容易放大负面情绪。过去两人已经因为一些小事而频频争吵，他不得不花更多的时间和精力来哄对方，他感到压力巨大，最终选择了逃离。

我还认识一位济南的姑娘，她在感情中觉得十分委屈，因为她为男朋友付出了很多，但男朋友对她却越来越冷淡，后来甚至都不怎么回她的信息了，于是她问我应该怎么办。经过一番测试和分析后，我发现她的情况与《东京爱情故事》非常相似：她在恋爱中过于热情，几乎时时刻刻都希望男朋友在身边，当男朋友不在身边，一小时不通过手机互相联系她就会觉得对方有问题。如果得到了男朋友的热切回应，她可能会发更多信息，并期待得到男朋友更多的回应。如果发现男朋友的回应频率和程度明显下降，她就会认为男朋友变了，不再爱她了，便开始与男朋友争吵，以此迫使男朋友恢复她想要的亲密。这使她的男朋友不堪重负，渐渐变得冷漠，甚至想要逃离。

后来，她认识到了自己的问题，并在我的建议下主动向男朋友承认自己的错误，努力改变自己过当的行为。现在他们已经结婚多年，感情一直很稳定。不久前，我在朋友圈看到了他们一起给孩子过周岁生日的合影，她笑得很甜蜜。婚姻不是只有爱与付出的比较和博弈，而是要找到一个让自己感到舒适的人，才有可能过得幸福。

尽管《东京爱情故事》的结局当初看起来不太理想，如今看来，却是相对完美的性格搭配组合。在爱情中，平衡、理解和尊重是至关重要的。我们应该基于性格的差异，尊重对方的个人空间，而不是试图将个人的期待和需求强加给对方。只有这样，才能真正建立稳固、健康的亲密关系。

第 6 讲　忌倔强

倔强的人性格坚忍，坚持自己的目标与追求，并愿意为此承担重压，所以他们往往是勇士、领袖、开拓者，更是励志小说中常见的主角。比如在海明威的《老人与海》中，老人圣地亚哥不轻易放弃的倔强精神就被刻画得淋漓尽致。即使84天都一无所获，被他人嘲笑，可是他始终坚信自己能够成功，可以捕到大鱼。他不懈地划行，来到大海的深处，在缺乏帮手的情况下，独自与一条大马林鱼展开了长达三天三夜智慧与体力的较量，最终成功杀死了这条大鱼。

这个挑战中蕴含的危险不容忽视：他已不再年轻，且当时海上天气恶劣，还有凶狠的鸟类与鲨鱼虎视眈眈。在主客观条件都不乐观的情况下，他仍然要倔强地发起挑战，这本身就是在搏命。正因为如此，他人的嘲笑或许也可以被理解为一种劝诫。

倔强之人如果将这种精神运用在追求目标与成就上，可能会取得非凡的成果，然而如果固执己见，对旁人的建议视若无睹、大加指责，便有可能使自己掉入万劫不复的深渊。

有一部电影叫《万箭穿心》，讲述了一名倔强女子的悲剧。年逾不惑的售货员李宝莉在与任何人的争执中都不认输，她会因为几块钱的搬家费而与工人争执不休，也会因为丈夫的书呆子气而对其冷嘲热讽。朋友说她住的地方风水不好，她回应说哪怕住的地方叫"万箭穿心"，自己也要活得光芒万丈。当发现丈夫马学武出轨后，她选择在小旅馆外报警，谎称该地有卖淫活动。这一举动使丈夫彻底失了声誉，也丢了工作。哪怕最后丈夫跳河自杀，儿子小宝哭闹着怪她，性格倔强的李宝莉也没有掉一滴眼泪。

为了撑起这个家，尤其要供儿子上学，李宝莉毅然决然做起了"女扁担"。不料，儿子高考之后举起酒杯对她说："喝完这杯酒，我将与你脱离母子关系，你不再是我的母亲，我也不再是你的儿子！"在李宝莉看来，儿子的话令她无法容忍。为了支撑家庭，她每日默默扛起扁担，脸颊因劳累而黝黑粗糙。此时的小宝似乎也倔强过头了，在他眼中，是母亲逼得关心自己学业的父亲走上了绝路。在父亲去世后，她也并不悲伤，只顾工作赚钱，对如何照顾和关心儿子毫无头绪，绝非一个合格的母亲。

像李宝莉这般倔强的人，人们是否都认为她失败和不堪呢？并非如此。每次在心理学课堂上播放这部影片，学员们对她总是有着截然不同的情感态度，或激赏不已，或深恶痛绝。欣赏她的学员，喜爱的是她的直言不讳和不轻言放弃的生活态度；讨厌她的学员，则抱怨她的强势和不愿认错的姿态。当倔强的性格优势得以发挥时，李宝莉是魅力无穷的人物：面对丈夫的自杀、儿子的责怪,她放下身段,坚强隐忍,与命运顽强抗争,这是她最大的闪光之处。然而,她的性格过于倔强,仿佛整个房间都会被她轻易掀翻,搞得人心惶惶。努力而不得要领,倔强而不知妥协,最终使其陷入悲剧。

不知道你在日常生活中是否见过类似的人,他们因为目标坚定、颇有主见而成为领导者,带领志同道合的人冲锋陷阵、创造辉煌,但有时也会因为太过执拗,而成为他人眼中"茅厕里的石头——又臭又硬"。如果不懂得收敛这种过当,他们不但会给自己带来麻烦,还会成为其他人的安全隐患。

有学者曾采用艾森克人格问卷简表,对北京市 1000 名驾驶证记满 12 分的驾驶员进行人格特征调查,结果显示他们比一般人更倔强,其中倔强人格的驾驶员竟然占比超过一半,达 52.7%。[1] 调查报告指出,这些人缺乏情感投入,好挑衅,在做事方面总是喜欢由着自己的性子,可能愿意做些奇特的事,而且不顾危险,容易惹麻烦,更不愿意听从劝导。结论也验证了人们的常识性推断,即人格特征对驾驶员的行为有一定影响,比较倔强的人更容易违反交通法规。

有的人过于倔强到多次违反交规,甚至藐视法律与他人的生命。假使这样的人过多,那会给公安交管部门带来多大的执法压力,会给路况带来多大的负担,又会给群众的生命带来多少潜在的威胁?

这样的性格过当如果出现在企业管理者身上,无疑也会给企

---

1 赵圆圆:《满 12 分驾驶人艾森克人格特征分析》,《中国人民公安大学学报(自然科学版)》2012 年第 4 期,第 76—78 页。

业带来损失。

小凯平时很喜欢玩桌游，所以基于个人兴趣，希望办一家属于自己的桌游馆，并且已经看中了一家门店。有朋友好心劝他，说该地段附近都是写字楼，且多为 IT 公司，像桌游这种比较耗时的休闲方式，并不符合市场需求。相较之下，类似快餐店、推拿馆的市场缺口很大，也符合该地段人群的需求，不如更换创业路径。然而小凯倔强惯了，自己认定的东西便坚决要干，他希望闯出一番事业来令父母刮目相看，便将朋友的建议抛诸脑后。后来朋友怕他投资太大，执意要拉他去看看其他快餐店、推拿馆的经营情况，但小凯认为这是对他的否定，他倔强地说："事是人做出来的，别人说我不行，我偏要做出来给别人看！你要再这样，我可跟你绝交了。"朋友叹了一口气，默默离开。

事实胜于雄辩。半年后，小凯的桌游馆便因生意惨淡而关门，他过去五年的积蓄也全部打了水漂。但他依然倔强，既没有找朋友道歉，又打肿脸充胖子，跟远在老家的父母谎称自己赚了大钱。直到后来父母从其他途径知晓了他的真实情况，才真相大白。

倔强的人有明确的目标，也希望通过自己的努力做成事，只是有时候态度与方式欠妥，对待他人的建议容易持抵抗态度。当我们拥有性格过度倔强的亲人或好友时，可以试着去真正理解他们，而不是一味逃避或试图切断关系。如果你自己就是倔强的人，务必清楚自己的过分固执可能会伤害至亲之人。你的愤怒可能会像张飞的鞭子一样抽打到周围的人。关心你的人可能会给你提出建议，即使你不采纳，也要学会尊重他人的意见。对待问题的同时关照人，不要因为坚持己见而忽略他人的感受，这是一种有益于提升自我修养的方法。

第7讲 忌理想化

苏格拉底说:"世界上最快乐的事,莫过于为理想而奋斗。"做人一定要有理想,这是无可置疑的。没有理想的人生,就好像失去风帆的船、没有动力的车,缺乏激情和乐趣,最终往往流于平庸。人要有理想,却不能"理想化"。因为理想很丰满,现实很骨感;"理想化"很诱人,实际上可能并不存在。"理想化"本质上也是一种性格过当,它让人不考虑任何干扰因素。无论干什么事情,如果以"理想化"为标准来要求,那大概率会碰壁。

首先,对自己不能太理想化。

弗洛伊德提出了心理防御机制这一心理学概念,将人格分为本我、自我和超我,其中超我是一种理想状态。早在19世纪初,克尔凯郭尔就对该状态进行了阐释,其产生的原因是主体在进行理想化形象建构时的一种希望,即希望自己能成为和这个形象一模一样的人。但主体看着这个理想化形象却不知道自己在哪儿,从哪儿来。随着研究的成熟和发展,理想化形象的内容不断丰富,人也能在理性思维中区分现实与幻想,然而主体仍然坚持这样一个理想的形象,最主要的原因是,主体能够在幻想中获得快乐和成就感,战胜客观现实中的不愉快。

一个典型的例子就是鲁迅笔下的阿Q。[1] 在未庄,没人知道阿Q的姓氏和籍贯,没有人把阿Q当成朋友或家人,人们唯一知道的就是需要帮助时尽管找阿Q。阿Q常年不受人尊重和重视,没有体面的工作和形象,因此他最大的理想就是成为一个体面的人。

阿Q之所以想要体面的生活,很大程度是受未庄赵太爷的影响,因为在未庄(即阿Q局限的生活范围内)似乎只有赵太爷一人能够真正做到体面、有尊严且被认可。所以阿Q为自己构建的理想化形象,基本是按照赵太爷的形象来想象的。这也导致他一直认为自己也姓赵,似乎只要姓赵,他就会获得跟赵太爷一样高人一等的地位,拥有跟赵太爷同样丰富的财富和知识,甚至还有剥削别人的可能性。但真正的体面并不是靠物质撑起来的,而是要有能够接受平凡、普通的坦然,以及在面对生活中的挫折时能始终保持坚忍和柔软。这样看来,阿Q并不具有这种理解和能力。

理想化令阿Q逃离了现实的不愉快,但也引发了他内心的矛盾。因为阿Q越认可幻想中的自己,就越对现实中的自己不满。当幻想和现实中的形象差异越来越大时,自我建构的形象就越来越不真实,形象背后的恐惧也越来越大。于是阿Q在面对他人的

---

[1] 宋诗歌:《阿Q的另一重心理世界——"理想化形象"的自我建构》,《文化创新比较研究》2021年第34期,第49—52页。

嘲笑和否定时采用傲慢无礼、暴躁等方式进行回击，如此虽是自我保护，却未取得实效。而他在生命结束前的那一刻，又何尝不是一种理想化的自我表演？

脱离文学作品回到日常生活中，类似这种理想化的行为也在悄然上演。有学者对151位微信朋友圈的使用者做了问卷调查，发现大多数人不会在朋友圈发布负面情绪或事件，并且大部分人使用过朋友圈的"谁可以看""不给谁看"功能。[1]

接受问卷调查者在朋友圈发布的内容大都和自身的形象管理有关，大多数人乐于将自己生活中好的一面如实甚至夸大地表现出来。朋友圈任意一条看似随意的动态，都可能是一场做足了准备的表演，图片往往经过精心挑选或处理，以更好地展示发布者的审美与品位。为了体现自己的关注点与内涵，有的人会故意转发一些代表自己关注点与兴趣的内容，如时政评论、名人名言、读书分享，等等。

问卷调查结果显示，74%的人在发朋友圈之前会设想获得的点赞数和评论数，互动不仅是对表演效果的反馈，也是对表演的一种有效补充。对于表演者而言，点赞数是观众的认可和赞赏，相当于舞台下的掌声，掌声越大，对表演者的激励越大，表演就越卖力，这也是表演者之后选择发布内容的重要参考。

朋友圈中内容的选择性呈现，从整体上来说，多是将生活中积极的一面呈现出来，避免消极的一面，以给观众一个好印象。但是这种部分的、选择性的呈现往往是理想化的，带来的后果是

---

[1] 胡祯珍：《微信朋友圈的理想化表演》，《新闻研究导刊》2017年第11期，第70页。

发布者将这种过于理想化的自我形象误以为是现实。这可能导致的麻烦有二：第一，发布者在面对现实的不堪时感到更加不满，进而激发他们的负面情绪；第二，他们刻意"凹人设"，一切只为获得他人的认可，失去了合理而现实的目标追求。

为了避免这类麻烦，首先要学会客观理性地评价自己，其次不要将他人的评价看得太重，最后要为自己制订性格修炼计划，将注意力集中在对性格过当的克服上。这也是防止自己跌入理想化陷阱最有效，也最容易实践的一招。

其次，对他人也不能太理想化。

在相亲市场上，我们会关注对方的性格优势。人们在相亲的个人资料中往往会强调这些优势，如性格开朗、热爱运动、无不良嗜好等。毕竟，谁会在资料中坦白自己性格强势、不太自律、缺乏人生目标呢？问题在于，这些性格劣势都是无法回避的现实。许多人在恋爱中如果被对方的性格优势深深吸引，就会乐观地认为这些性格过当只是小毛病，或许婚后会慢慢改善。于是他们继续享受对方的性格优势，甚至主动忽略其身上的性格过当。然而结婚后，优势渐渐变成了理所当然，过当则不断凸显，直到完全无法忽视，成为导致争吵的主要原因。这种悲剧的出现，很大程度上在于恋爱时将对方形象过于理想化了。

《金粉世家》中的冷清秋和金燕西就犯了这样的错误。冷清秋曾多次表示，婚前自己已察觉金燕西有纨绔子弟的性格特点，但出于对他的感激和乐观的期望，她认为婚后金燕西会变得更好。金燕西当初追求冷清秋时，几乎完全依赖金钱展开攻势，除了租下她邻居的房屋，还涉足电影、汽车、服装、美食等领域，当然，这些开支都由他担任总理的父亲支付，他本人并未赚得一文钱。他深知冷清秋是一个有文化底蕴的女子，如果只凭金钱攻势，会显得自己庸俗，因此他巧妙地贿赂他人，甚至请冷清秋的舅舅为他捉刀写诗，将自己装扮成一位文化人，最终俘获了冷清秋的芳心。以上统统都可算作自我形象的理想化构建。

冷清秋在婚前对金燕西的印象完全是由金钱堆砌的，再加上她因怀孕而匆匆结婚，没有太多机会与对方深入交流思想，也无暇观察金燕西理想形象背后的本质。婚后的金燕西，脾气秉性完全暴露。在金父病逝后，家庭收入减少，金燕西却仍过着挥金如土的生活。渐渐地，二人之间的嫌隙越来越大，冷清秋开始考虑离婚，并在大火发生时离开金府。即便冷清秋离开了，金燕西放荡不羁的行为仍然不受控制，他未表现出慌乱或悔过，甚至在遇到类似冷清秋的其他人时也不加确认，这表明金燕西本性便如此，他并不是理想化的自己。

近些年来，恋爱养成类电子游戏深受玩家喜爱，开发此类游戏的公司也赚得盆满钵满。这类游戏不但具有画面精致唯美、故事情节引人入胜、操作方法易于上手等养成类游戏共有的特点，还有声优质量高、生活场景拟真度高等特征。在游戏中，玩家通过做任务、打副本等方式，获得与不同虚拟角色发消息、打电话、查看并评论对方朋友圈等互动机会，以此来提升自己在虚拟角色心中的好感度。在此类游戏中，玩家的最终目的是与其中一位或几位虚拟角色发展恋爱关系。

此类游戏看似无害，实则会使玩家对现实中的亲密关系产生不切实际的期待。[1] 一项针对此类游戏的调查结果显示,玩家与虚拟角色之间的虚拟社会关系程度越深,对理想化的恋爱关系就越深信不疑,这种不切实际的婚恋期望会进一步导致他们对真实的恋爱感到失落,毕竟稍做对比就会发现,现实并没有那么美好。

在综艺节目《一年一度喜剧大赛》中,有个叫《当男人踏进民政局后》的小品就与此主题相关。故事的设定十分有趣:在进入民政局前,男主角是个英俊帅气的小伙子。一踏进民政局大门后,男主角就变成了胡子拉碴的大叔。在恐婚的女主角的想象中,男主角成了不会说话的舞龙,象征他婚后会选择"装聋作哑"。虽然这并不代表所有男性都会如此,但它却反映了一个道理:婚前可以只看对方的性格优势,但婚后必须与对方的性格过当相处。尽管我们常常歌颂一见钟情和完美的爱情,但谁能确保泰坦尼克号上的杰克和露丝在下船后能幸福地生活在一起呢?考虑到杰克的纨绔和露丝娇生惯养的性格,他们婚后能否安然相处?对此,难免要持怀疑的态度。

对于正在恋爱并考虑结婚的朋友来说,要尽快从理想化回归现实。具体而言,有两个思考方向:

第一,思考自己究竟看中了对方哪些性格优势,确保对方的这些优势具有持久性、稳定且真实,这是保证婚后幸福的第一步。

第二,思考自己是否能够接受对方的性格过当。正所谓"江山易改,本性难移",尽管心理学的知识可以帮助改善性格过当,

---

[1] 吴玥、孙源南、朱宁等:《乙女类电子游戏对女性玩家理想恋爱观的影响》,《青年研究》2020年第4期,第56—70、96页。

但接受比改变要容易得多。性格过当往往会在重大事件中表现出来，例如过分粗心的人可能会丢失重要物品。此时需要用"后果放大法"来解读这些性格过当，但不应夸大或戴着有色眼镜来解读行为。另外，客观评价对方，也可以合理借助第三方的观点。

第 8 讲 忌控制过度

控制,指掌握住对象,使其不能任意活动或超出范围活动,或使其按控制者的意愿活动。在人际关系中,如果将控制运用在合理区间的话,控制会成为性格优势,并带来许多实际的好处,譬如保证目标的实现、提高沟通效率、预防危机、保护人身安全,等等。然而过度的控制,尤其是超出合理范围的控制和严重违背他人意愿的控制,即是性格过当,会对人际关系带来很大的负面影响。

按照被接受度的高低,人际关系中的控制行为可以分为四种类型:自我标准之控、公共标准之控、"抓大放小"之控、真实自由之控。

类型1:自我标准之控

所谓自我标准之控,指的是在控制活动中的所有原则和标准都是按照自己的主观意愿制定的,甚至有时会违背社会公序良俗以及基本人性,不惜牺牲他人的便利,只为满足一己私欲。

在我的课堂上,某位女生就曾分享了自己的"奇葩"父亲。

这位父亲要求全家人每天晚上洗脚时必须照按爸、妈、姐、弟的次序进行。令人瞠目结舌的是，即便父亲晚归，其他家庭成员已安寝，他仍要唤醒众人，等他自己洗完脚后，其他人才能就寝。每逢新年家庭旅行，父亲坚持要求早上外出前全家洗澡，且仍按照爸、妈、姐、弟的次序进行，即便前日已洗过澡，每个人仍要照做不误。在游览景点拍照时，父亲还要求每个家庭成员以各种不同组合拍摄照片。如按他的规矩拍摄，一家四口在单一景点便要拍摄15张照片。因此，这位女生说出游一日拍摄数千张照片，绝非言过其实。她的父亲还规定出行时全家必须按固定位置排列，两两之间距离不得超过3米，甚至观影时也要购买前后排座位，以维持队形。这些规定是否具有合理性呢？相信你会有自己的判断。

《乡村爱情》中的谢广坤便是这种控制类型的代表人物。他对儿子谢永强的控制，涵盖了就业、婚姻、育儿等方面，全都按照自己的标准，完全不顾儿子的想法。当儿子大学毕业，放弃镇上公务员的工作，决定开垦荒山、兴办果园时，谢广坤坚决反对。他认为儿子是名校高才生，应该在城市就业，家庭条件会因此得到提升，他在村里也能获得更高的声望。在择偶方面，谢广坤坚持认为儿子应该追求像陈艳南这样的城市女性，而非没上过大学、只能骑三轮车卖豆腐的农村女子王小蒙。后来，当王小蒙被诊断出无法怀孕时，谢广坤坚决要求儿子与她离婚。见儿子无法被说服，谢广坤退而求其次，要求谢永强与王小蒙领养一个孩子，并视之为亲孙子。没想到，没过多久王小蒙怀孕了，谢广坤便坚持要送走领养的孩子，甚至对其漠不关心。

这种坚守自身标准并强制他人遵循的行为，可谓横行霸道。在人际交往中，一味坚持以自身标准要求他人，不尊重他人观点，甚至顽固地认为自己的想法是唯一正确的，只会给他人带来困扰。即便对方遵从，也可能心生嫌隙，对关系造成潜在的不良影响。因此，这或许是最不受人欢迎的控制方式之一，心理学课堂上许多家庭悲剧和性格扭曲的案例，往往是由此类型的父母引起的。

类型 2：公共标准之控

这种控制往往剥离主观意愿，凭借客观且长久的科学逻辑、社会规范、道德准则、基本价值观、法律法规、公司规章制度、历史调查数据等来实现控制，因此会显得"有理有据"。

在电影《帕丁顿熊》中，父亲对孩子的控制便是基于此理念。他在提醒孩子注意安全，不准蹦跳时，总是会引用数据："乔纳森，不要那样跳来跳去，有 7% 的儿童在蹦跳时发生过伤害事故。约翰，不要坐在楼梯扶手上，有 30% 的孩子在滑楼梯时发生过意外！露西，刀叉左右颠倒了！赶紧调整！"尽管这种唠叨可能会令孩子们感到厌烦，但父亲这种基于数据和社会准则的控制方法，通常能够令孩子们信服。

法是中性的，是社会规范的约定。只要具备惩恶扬善的功能并剥离个体主观的控制，以法为准绳所开展的社会行为必然有利于社会进步。而在人际交往中，当采取控制行为以期影响对方时，若以社会公共准则和历史经验为准绳，而非个人判断，此类控制的被接纳程度往往会高于类型 1。

但它仍然存在一个麻烦，那就是管控的频次太多，显得事无巨细，随着时间的增加，容易让人产生抵触情绪，毕竟许多人都不希望戴着镣铐跳舞。因此，这种类型的控制效果，取决于适用对象。假使它被投放在对个人自由高度在意的人群中，恐怕会起到反作用。

类型3："抓大放小"之控

在现代社会，越来越多的人开始崇尚个人主义和感性主义。为什么我必须接受他人的控制呢？为什么我不能追求自己的想法呢？如果领导控制过多，那我可以换工作；如果伴侣控制过多，离婚也不是不可以接受；父母虽然控制过多，但早已不再是封建时代，只要高考结束远走他乡，不就脱离他们的支配了？所以，聪明的人已经懂得切换到"抓大放小"控制模式的好处了。

所谓"抓大放小"，指的是在面对纷繁复杂的形势和不同层次的矛盾时，管好该管的事，放开该放的事，集中主要时间和精力去解决主要矛盾。荀子有言："主好要则百事详，主好详则百事荒。"这句话的意思是领导者善于抓住要点，各种事情都可以做得十分妥当；若事无巨细都要管，一切事情都容易荒废。如果不分主次，事必躬亲，结果往往事与愿违，或事倍功半。"抓大放小"的管理方式要求员工在重大方向上听从领导的指挥，但平时可以依照自己的性情自由发挥，这给予了员工充足的自我管理空间，因此会更容易被接受，也更容易看到成效。

在《平凡的世界》中，双水村大队第一生产队队长孙少安为确保大家食物充足，采取了以下几个措施：私下扩大了猪饲料地的面积；组织村民集体抓阄分地，多样种植庄稼；带领村民兴办砖窑，出售砖瓦以谋取利润。这些行为被接连举报，孙少安被指控"走资本主义道路"并受到批斗。然而，上级在考量下，决定支持双水村农民的"试验"，结果该村诞生了多位万元户，全村脱贫致富。在《大江大河》中，雷东宝领导小雷村实行家庭联产承包责任制，创办砖厂和电线厂，与孙少安有相似的遭遇，然而上级领导坚持了"抓大放小"的政策，使得小雷村在短时间内致富，成为脱贫的典范。

以上两个例子，是"抓大放小"在社会经济管理中的正向运用案例。这种控制模式如果应用于亲密关系，也会产生积极影响。硅谷某总裁曾在给女儿的信中说："我负责改变世界，而你负责享受幸福生活。"他只关注结果，而非过程结果一把抓，因此在教育女儿时通常采用"放养"方式，只在关键节点与危急时刻为女儿提供资源和指导，以帮助其解决问题。这种方式不但能让女儿感受到父亲的可靠，还能增进父女二人的感情。

类型4：真实自由之控

真实自由之控，也可称为"逍遥游式的控制"。古代著名哲学家庄子的《逍遥游》，讲了一个奇妙的故事：北海有一种巨大的鱼，名为鲲，身长几千里。鲲若化为鸟便是鹏，鹏的尺寸也是难以估量的。据记载，当它乘着六月的风，从北海去往南海时，可乘风扶摇直上九万里，水波激起三千里远。其他小动物如斑鸠和蝉都笑话它，认为它太费时费力。然而，庄子在叙述此故事时，并没有嘲笑斑鸠和蝉。因为像它们这样小富即安，快乐自得，也是真实自由的体现。正如鹏鸟高飞一样，斑鸠和蝉在蓬蒿间欢乐也是一种"逍遥游"。

这个故事告诉我们，每个生命都有寻求真实和自由的权利，不应以一种自由嘲笑另一种自由，也不应以一种真实嘲笑另一种真实。因此，我们称赞鲲鹏，但不必嘲笑斑鸠和蝉，任何人都不应过分坚持以自己的标准去严格要求他人。最合适的相处方式是理解他人的天性，鼓励他人勇敢表达自我。

真实和自由固然重要，却有一个同等重要的前提，那就是不应该对他人造成不良影响。就好比一个人在家中坐而扦脚，这是他的自由，但若是在公共场合这么做便大为不雅，会引发他人侧目。这种真实与自由是不被社会所容忍的。因此，人际交往的最高境界是在尊重个性的同时，也要避免过分的行为表现。

有一个小姑娘天赋异禀，讲起话来语言流畅，口若悬河，但她的话匣子一旦打开就合不拢，不管她坐在教室的什么位置，总会传来她的声音，频繁打破课堂的宁静。老师无奈之下联系了家长，希望大家一起配合解决这个问题。换作个别家长，这时候可能就要当面批评孩子了，然而这个小姑娘的父亲采取了不同的方法，他对女儿说："上课时说话的确不对，咱等下课再说！"这句话至关重要。如果父亲直截了当地谴责她："说话对吗？怎么可以说话！"那么，这个女孩的语言天赋可能会被彻底扼杀。然而，她父亲所传递的潜在信息是，不要失去你的言辞才能，但请注意场合并适当控制自己。这便是在尊重孩子的天性的同时，提醒孩子不要过度表现。

在亲密关系中，若能拥有至少一个能够符合第四类管控行为的人，他们能够发现你的长处，尊重你的意愿，了解你的兴趣，支持你的决策，同时能够在必要时提醒你避免过度表现，那将是一种难得的人生幸福。如果没有，不妨以身作则，先让自己变成这样的人。

第 9 讲 忌过分热心

一直以来,我们都将"助人为乐"视为一种高尚的道德品质。记得小时候,许多同学在进行自我介绍时,总是把这几个字像光环一样套在自己头上,当作好学生的标配。在大多数情况下,当我们受到他人善意的援助时,都能感受到一股强烈的温暖,但如果自己明明不需要帮助,却被对方过度热心地帮忙,反而会心生厌烦。换位思考一下,我们在日常生活中要避免做出过分热心的举动,给他人带来麻烦。

2012 年,西班牙某小镇出现了一则奇闻,一位老太太一夜之间声名远扬。该镇的一座小教堂内有一幅 19 世纪艺术家马丁内斯创作的壁画《戴荆冠的耶稣》,该画因年代久远而出现了褪色和斑驳的问题。当地文物管理部门筹集修复资金,许多人积极响应,马丁内斯的孙女也捐赠了一大笔资金。然而,当修复专家前来进行初步检查时,他们震惊地发现,这件传世之宝已被"毁容":原本细腻的耶稣肖像面部遭到粗暴涂鸦,尤其是嘴巴部分几乎无法辨认,而原画中的荆冠也被一顶"猴皮帽"替代,整幅壁画从严肃的宗教作品变成了抽象的"猴子画"。

这一事件令整个小镇陷入悲痛，愤怒的民众纷纷要求逮捕破坏者。最终，调查机构找到了毁掉壁画的那位老太太，原来她看到壁画受损，出于好意，决定亲自修复，为此还自己花钱买了颜料。[1]

老太太的自行其是导致这件文化瑰宝永远消失，尽管有人评论说"老太太是100%真心做好事，耶稣本人也会宽恕她"，但马丁内斯的后代却愤怒不已。俗话说"没有金刚钻，别揽瓷器活"，这样的结局与老太太性格中的高度乐观分不开，但另一个不容忽视的原因便是她的热心过头。她在采取行动之前并没有征询他人意见，更没有得到相关部门的同意，最终好心办了坏事。

在我的课堂上，有人曾分享过自己母亲过度热心而引发的不快。这位学员的母亲认为儿子新家中存在甲醛超标的问题，她听说洋葱可以去除甲醛，于是趁儿子出差时，在他的房间里摆放了一整盆洋葱头。然而，洋葱让整个房间充斥着刺鼻的气味，令回家的儿子颇为不悦。即使儿子明确表示不需要这种帮助，但当他下次出差再回家时，仍然发现房间里摆着洋葱头，母亲还特别强调说"这个洋葱头的味道没有那么重"。

母亲关心儿子的心可以理解，但对于儿子而言，这种关心的方式却并不合适。一来他完全没有处理异味的需求；二来儿子自尊心很强，假使什么事都由母亲代劳，他会觉得自己像没长大一样，很没有用。所以母亲看似乐于助人的行为，却起了反

---

[1] 周旭：《西班牙老妇好心修壁画令耶稣面目全非》，环球网 2012 年 8 月 24 日，https://world.huanqiu.com/article/9CaKrnJwRdO。

作用。

以上两个案例生动地说明了有时候善意的行为并不为他人所欢迎，因为它可能违背了对方的真实意愿。我们应当认识到，助人为乐的目的是让他人感到愉快，而不是让自己获得满足。在帮助他人时，我们应该站在对方的角度考虑，不要将自己的需求和欲望强加给他人。只有当对方需要我们的帮助时，我们的助力才会得到真正的欢迎。

再分享一个正面案例。在2008年残奥会期间，有2.5万名持有残奥会身份注册卡的境外人员抵达北京，其中使用轮椅的运动员有近4000人。北京出入境边检总站称，为迎接残奥会成员到达高峰，主办方在北京首都国际机场的T2和T3航站楼新启用16条无障碍、低工位的残奥专用通道，并对民警进行了助残培训。其中最重要的一条，就是不要过度热心。因为很多残障人士并不愿意让别人代劳，比如递交护照。虽然每个残奥专用检查台前都配备了一名民警提供帮扶服务，但机场边检部门要求他们务必充分尊重残奥运动员的个人意愿，避免过分热心的帮扶可能引发的误解和反感。[1] 应该说，这项培训十分重要，它照顾了残障人士可能存在的敏感心理。

人心是热的，但热心并非适用于所有的场合，热心的表现形式也不是只有一种。很多时候我们的热心未必要专门表现出来，只要你的内心深处有好意流动，别人就有机会感知到。

小时候曾听过一则笑话，讲一名小学生看到一位老奶奶站在

---

[1] 王蔷：《京边检启用人性化残奥专用通道，要求不过分照顾》，《北京晚报》2008年8月24日，https://www.chinanews.com.cn/olympic/news/2008/08-24/1358970.shtml。

马路边，于是冲上前去扶着老奶奶走过马路。老奶奶夸奖了他，给他举了一个大拇指，小学生高兴地离开了。然而，当他回头看时，才发现老奶奶又原路走了回去——原来人家根本没有打算过马路，他的帮助实际上是多余的！所以，等他人需要帮助时再伸出援手，虽然看起来不够主动，却可能是明智之举。

第10讲 忌不真实的完美

在职场和生活中，我们倾向于与那些有许多优点的人交往，因为他们能够给予我们愉悦、欢乐、放松以及充沛的正能量。更重要的是，他们的能力越强，就越有可能为我们带来实际利益。即使他们并没有直接为我们提供建议或情感支持，但通过观察他们的行为，我们也可以汲取经验，确保自己的行动是正确的。

一个人的优点越多，往往越容易受到欢迎，这似乎是不言自明的事实，因此许多人希望自己能够成为优点众多的人。这种积极向上、追求卓越的劲头固然值得称道，但如果把毫无缺陷的完美人格作为自己的终极奋斗目标，并非明智之举。心理学家早已通过实验告诉我们一个人性的规律：那些被认为具备最强能力和思考能力的完美人格，往往并不是最受欢迎的。

这里涉及一个心理学规律，叫作"出丑效应"。心理学家阿伦森等人做过一个实验，他们将四段情节类似的访谈录像分别放给测试对象看：第一段录像中主持人采访的是一位非常优秀的成功人士，他在自己所从事的领域里面取得了辉煌的成就，在采访过程中，他谈吐不俗，表现精彩，不时赢得台下观众的掌声；第二段录像中主持人采访的也是一位非常优秀的成功人士，不过他在台上的表现略有些羞涩，在主持人向观众介绍他所取得的成就时，他竟紧张得把桌上的咖啡杯碰倒了，咖啡还将主持人的裤子淋湿了；第三段录像中接受主持人采访的是一个非常普通的人，他不像前两位那样有着不俗的成绩，但在整个采访过程中，他的表现还可以，既不紧张，也不出彩；第四段录像中接受主持人采访的也是一个很普通的人，采访过程中，他表现得非常紧张，和第二段录像中的那位一样，他也把身边的咖啡杯弄倒了，淋湿了主持人的衣服。

录像放完后，阿伦森等人让测试对象从以上四人中选出他们最喜欢的一个和最不喜欢的一个。不出意外，对于最不受喜欢的人选，几乎所有测试对象都选择了第四段录像中的那位先生；但让人感到惊讶的是，测试对象最喜欢的并不是第一段录像中的那位完美型成功人士，而是第二段录像中打翻了咖啡杯的那位，有高达95%的测试对象选择了他。[1]

这一实验表明，"完美无瑕"听上去最招人喜欢，但"白璧微瑕"却更容易胜出。小小的错误非但无损优秀者的形象，反而会使优秀者的吸引力进一步增强。这里面的道理是什么？目前比较公认的解释是，过分完美的形象容易损伤真实性，会让人怀疑其中有虚假成分，是被刻意打造出来的，而刻意打造本身就等同于"表演"，有多少人喜欢与不够真实的表演型人格的人相处呢？此外，过分完美的形象会让人产生距离感，一旦有了距离感，亲切

---

[1] 阿伦森：《社会性动物》，邢占军译，华东师范大学出版社，2007。

度就会降低，用一句略带玩笑的话解释就是："你既然已经是神，那我等凡人也只有仰慕，怎么配做你的朋友？"

我曾经遇到过一个年轻人，他是我国最高学府的杰出学子，才华横溢，成绩卓越。领导们都喜欢他，他的网络粉丝也多，无论线上还是线下，他都备受欢迎。与他近距离接触时，我感到他非常谦和，完全没有高高在上的姿态。私下交流时，他应对自如，我从未见过他犯错或发脾气。理论上来说，我应该很喜欢这个人。但在与他接触一段时间后，我渐渐感到自己并不是真正地喜欢他，甚至本能地对他产生了排斥。最初，我怀疑这是出于嫉妒，是我自身的劣根性作祟。但后来与其他朋友交流时，他们也表达了相同的感受——他似乎不真实。他经过长期的自我训练，学会了如何在人际交往中表现得和善、谦虚，以及规避自己的缺点，以至于很难让人看到他真正的一面。与他相处时，仿佛彼此之间被一堵墙隔开，让人不舒服。

基于"出丑效应"，性格过当自然不可取，但过分追求完美也没有必要。在保证自己足够优秀的同时，偶尔出点小状况，无伤大雅。

记得上大学时，我曾听过某位专家走进校园的公开讲座。当时整个教室座无虚席，大家都早早来占座，希望能够聆听"大牛"的教诲。但没想到这位专家在进门时，因为边走路边跟大家打招呼，竟然被台阶绊倒了，手中的资料散落一地，刚从主持人手里接过的话筒也掉在地上，发出了巨大的响声。在气氛非常尴尬的时候，那位专家却说："哎呀，不愧是名校，门槛实在是太高了，我来一趟可真不容易。"现场立刻爆发出掌声和笑声，大家在对专家的急智表示钦佩的同时，原先那种对专家的敬畏感瞬间一扫而光，取而代之的则是轻松和亲切的氛围。事后，大家不约而同地提到了这个意外事件，给到的都是正面评价。

近年来各种真人秀节目也不断证实了"出丑效应"的存在。虽然那些故意装酷、努力打造完美人设、照片全部精修、走到任何地方都不会出错的嘉宾，也能在网络上掀起热度，但那些有小脾气、会哭、偶尔犯小错的嘉宾，却成了"真性情"的代表，更受网友欢迎。

许多人会试图树立一个完美的自我形象，或者努力朝着完美的方向迈进，这种行为值得鼓励，然而坚持完美的形象不仅会让自己感到疲惫，还会让别人觉得与你有隔阂。如果你被看作"神仙"，而他人是"凡人"，则很难实现彼此之间的平等相处，要建立亲近关系更是不容易。因此，即使是非常优秀的人有时也要走下"神坛"，体验人间烟火。但值得注意的是，"出丑效应"并不等同于哗众取宠，故意犯错是一种造假，是一种更容易被人讨厌的危险行为。如果经常为之，极可能使人避而远之，这就是另外一种性格过当了。

第 11 讲 忌口无遮拦

人类与其他动物的区别之一,就在于人类有足够丰富的语言。善于运用高情商的语言,可以达成提升人际关系、激励人心、沟通说服、达成合作等良好的结果。某些性格类型因为天生表达意愿比较强,在早年主动为自己积累了大量练习表达的机会,所以在表达力上往往会高于平均水准。然而不是什么话都有效,也不是什么话都得说,假使不分场合、不考虑他人感受、不在乎后果地胡乱表达,口无遮拦,就属于性格过当,可能造成不堪设想的后果。

在古代,有许多文臣会向君主进谏。很多时候,他们不仅需要应对颇有主见且难以被说服的君主,还需要处理身边同僚的不同想法,他们的建议并不总能被采纳。个别文臣在被君主否定了建议后会出现口无遮拦的问题,其表现主要有二:一是公开抱怨,悲叹自己不能为明君效力,眼前的君主既然不肯纳忠臣之言,那么厄运就要临头;二是在君主遭遇真正的失败后,公开批评:"看吧,这就是当初不听我话的结果!"如果你是君主,要如何看待这样的文臣?你是否愿意因此承认错误,重新听取他们的建议并给予他们更多的权力呢?答案因人而异。但这种口无遮拦毕竟会让人难堪,所以君主远离甚至厌弃这种进谏的文臣也在情理之中。

在《三国演义》中,袁绍手下有位叫田丰的谋士。当时袁绍计划进攻曹操,而田丰劝告袁绍不要草率出击。他认为曹操狡猾阴险,直接对阵可能会中了曹操的计谋。田丰的观点是,战争实际上是一场耗费财力的竞赛,袁绍掌握着冀州、青州、幽州和并州等富庶之地,资源丰富,人力充足。相比之下,曹操虽然占据中原,但那里战乱频繁,粮食匮乏。因此,田丰强烈建议袁绍静观其变,以逸待劳,偶尔袭击曹操的农田,必定能获得胜利。

然而,袁绍坚持己见,没有接纳田丰的建议,而是听从了其他谋士的意见,决定在曹操力量未稳之际发动大规模进攻。田丰对此感到失望,退出了战略讨论会,公开批评袁绍的决策,且声称战争注定失败。这些言论传到了袁绍的耳朵里,他下令将田丰关进监狱,罪名是"怯懦不战,动摇军心"。最终,田丰的预言成真,袁绍在官渡之战中惨败。但袁绍并没有吸取教训,他听闻田丰讥讽自己,于是命使者前往狱中杀掉田丰。田丰在狱中叹道:"大丈夫生于天地间,不识其主而事之,是无智也!今日受死,夫何足惜!"而后田丰自刎而死。

在看到这段故事时,很多人会对田丰的智慧和坚定不移的原则感到敬佩，同时对袁绍的固执感到气愤。忠诚和智慧在我们心中都是令人敬佩的品质，但如果我们将自己置于领导的位置，也许对田丰这样的下属会有不同的看法。田丰固然有辩才，但他把这一优势发挥过头了，既惹怒了领导，又得罪了同僚，反而成了导致自己丢失性命的严重过当。从领导者的角度看，口无遮拦地公开批评上级的下属，以及不愿听从指挥的下属都可能为自己带来管理上的挑战。如果领导者能够在行使否决权的同时给予下属充分的认可和鼓励，而下属也能够学会如何更好地与领导者相处，那么这些冲突就可以大大减少。

相比之下，同样拥有辩才的诸葛亮却没有陷入这种过当。诸葛亮在刘备决定再次进攻吴国时，没有公开抱怨，而是采取了一系列积极的行动，在配合刘备进攻策略的同时努力降低战争失败的风险，这些行动为他赢得了刘备的信任和尊重。首先，诸葛亮做好了后勤保障工作，确保刘备的军队在战斗中有足够的资源和支持。这表明诸葛亮愿意在自己的领域内充分发挥作用，以帮助刘备实现目标。其次，诸葛亮安排赵云在两国交界位置驻扎，在必要时提供支援。这项决策表明他关心战局的发展，并考虑到了可能出现的失败情况。而这些行动最终被证明是明智的，因为刘备的决策最终失败了。然而，此时的诸葛亮依旧没有指责刘备，而是默默善后，确保局势不会进一步恶化。因此才有了后来刘备面对诸葛亮时的忏悔不已，以及白帝城托孤的情节。

可以大胆猜想一下，假如诸葛亮和田丰一样，因为意见不被君主采纳而任由败局发生，并且因为对方的刚愎自用酿成惨祸而沾沾自喜的话，刘备大概率不会把自己的亲儿子交给他辅佐，并且留下"彼可取而代之"的建议。这样的嘱托，足以彰显刘备对诸葛亮的信任，而这样的结果，也是诸葛亮懂得给嘴巴"把门"所应得的。

从田丰和诸葛亮的正反案例中，我们要懂得在工作中切勿随意议论上级与同事，任何讨论都要做到有方法、有分寸、有情商。

日常生活中，不分场合、口无遮拦地发言往往也会带来尴尬。某大户人家有婴儿降生，举办喜宴时，客人纷纷说起吉祥话。有人说："这孩子如此英俊，长大后必定是个美男子。"有人说："这是天赐的福相啊，他长大后必定是成功人士。"但有人借着酒劲冷不丁来了一句："以后长得帅不帅不知道，能不能成功不知道，但可以确定的是，这娃长大后肯定是要死的！"客观来讲，人固有一死确实是亘古不变的规律，但在喜庆的场合说这样的话，真的能带来理想的结果吗？孩子的父母听了这话，哪怕将其乱棒打出，恐怕也不为过。

如今已是"人人都有麦克风"的自媒体时代，信息的传播范围不再局限于特定人群、特定时空，传播速度更呈几何级数增长，只要有一台能联网的智能手机，几乎任何一个人都可以立刻开启一场直播，让世界上的其他人听到自己的声音。然而网络不是法外之地，容不得恶意造谣，如果任由网络谣言肆意传播，将扰乱网络空间秩序，甚至会引起社会恐慌，严重者将受到行政甚至刑事处罚。[1]

除此之外，在网络上口无遮拦地攻击他人也不可取。2023年，某小学生在校内被碾压身亡的消息引发了媒体关注。本来孩子被撞就够让人同情了，没想到的是，不久后其母亲居然随之而去。因为自从孩子发生意外后，这位母亲就被很多网友深扒，不仅她的照片被公布到网上，连她的工作情况、社交账号也都被曝光。许多网友对其妄加评论，其中不乏尖酸刻薄、颠倒黑白甚至是人格侮辱，导致她最终选择轻生。

家人表示，孩子离世带来的悲痛是一个原因，另一个原因是网友的肆意留言对她进行了持续不断的高强度刺激。事情发生后，600余个网暴者被封号，其中包括百万以上粉丝量的博主，情节严重者还得到了行政拘留10天的惩罚。[2] 网络给了他们表达的权利，但他们却口无遮拦，丝毫不顾及他人的感受，这样的惩罚算是给那位母亲换来了些许公道，但鲜活的生命却永远无法挽回了。

"舌上有龙泉，杀人不见血。"[3] 如今的我们有了自由发言的权

---

[1] 利用信息网络诽谤他人，具有下列情形之一的，应当认定为《刑法》第二百四十六条第一款规定的"情节严重"：（一）同一诽谤信息实际被点击、浏览次数达到五千次以上，或者被转发次数达到五百次以上的；（二）造成被害人或者其近亲属精神失常、自残、自杀等严重后果的；（三）二年内曾因诽谤受过行政处罚，又诽谤他人的；（四）其他情节严重的情形。此外，一年内多次实施利用信息网络诽谤他人行为未经处理，诽谤信息实际被点击、浏览、转发次数累计计算构成犯罪的，应当依法定罪处罚。《刑法》第二百九十一条之一规定，编造虚假的险情、疫情、灾情、警情，在信息网络或者其他媒体上传播，或者明知是上述虚假信息，故意在信息网络或者其他媒体上传播，严重扰乱社会秩序的，处三年以下有期徒刑、拘役或者管制；造成严重后果的，处三年以上七年以下有期徒刑。另有《刑法》第二百四十六条规定，以暴力或者其他方法公然侮辱他人或者捏造事实诽谤他人，情节严重的，处三年以下有期徒刑、拘役、管制或者剥夺政治权利。

[2] 卫佳明：《网友编造"武汉小学生被碾压身亡其母收260万"被行拘》，澎湃新闻2023年7月15日，https://m.thepaper.cn/newsDetail_forward_23864341。

[3] 收录于宋代罗大经的《鹤林玉露》丙编六，全诗为："堂堂八尺躯，莫听三寸舌。舌上有龙泉，杀人不见血。"

利,但也有尊重他人、尊重言论边界的义务。键盘不是武器,评论不是子弹,网络空间更不是战场,我们应该给他人多一点理解,对世界多一分善意,切勿口无遮拦,远离语言暴力。

第 12 讲 忌苛责

不同性格的人看待事情的角度不同，以至于对同样的事情表现出的态度也不同。比如面对孩子有些许进步的考试成绩，有的父母优先看到积极的一面，所以会对孩子习惯性表扬和认可。有的父母则先关注问题和缺陷，所以他们可能仍然会倾向于批评孩子：考 90 分，问为什么没考 100 分；考 99 分，问那 1 分为什么会丢；终于考到 100 分，又问班里有多少考 100 分的。

批评是对缺点和错误的指出及改正建议。许多人因为自身追求完美和事本主义等倾向，并出于关心、成就、防范风险等动机而善于做出批评行为。正确与适度的批评自然是有益的，可以帮助对方提高认识事物、辨别是非的能力。然而如果过度使用批评，例如频次过多、态度不好、夸大事实或超过对方心理接受范围等，批评则会变成苛责，很多时候会起反作用，对人际关系和事情结果都会有所损伤。

在企业管理中，性格中有苛责倾向的领导往往是一把双刃剑。苛责可以在一定程度上传递震慑力，推动员工尽快达成结果，但这样做的效果往往是短期和表面的，因为苛责也会让员工内心产生波澜，甚至有可能对员工造成强烈的心理伤害，这便是长期而潜在的影响了。

一项覆盖家电制造、生物制药、通信设备、汽车制造、服装加工等行业的调查研究发现，苛责式领导会提高产品研发创新的失败率。苛责行为包括嘲笑辱骂、贬低能力、粗鲁无礼、伤害员工自尊甚至威胁员工等。因为这种领导风格让研发人员感到沮丧，逐渐丧失对工作的积极性，甚至还会引发愤怒、不安等负面情绪，最终导致产品创新失败。[1]

在不少员工看来，即便领导的行为没有落在自己身上，也会加重自己的不安全感。身为公司业务员的小张曾在我的课堂上吐槽，说自己离职的原因不是工资低，也不是单位不好，而是害怕老板。他的老板是个极度喜欢批评员工的人，大到月度业绩不好，小到圆珠笔不能用，稍有不满便对员工横加指责。有一次开会时，这位老板发现了某位同事的错误，竟然当着大家的面把鞋脱下来，朝那位同事丢了过去，然后指着对方的鼻子开骂。虽然鞋没有砸到人，这位同事的错误也与小张无关，但这惊心动魄的一幕还是引发了小张的高度紧张。小张从小是在赞美和认可声中长大的，学习成绩一直很优秀，是名校研究生。他可以接受批评，但他忍不住猜测，假如老板有一天也用这样的方式对待自己，该怎么办？所以即便公司提出升职加薪，小张也下定了决心辞职，在小张看来，一个领导哪怕对结果很在意，也不该有如此过当的行为。

不论身在什么团队，不论领导层级高低，都要学会正确和适

---

[1] 王炳成、朱亚美、孙玉馨：《苛责式领导对研发人员产品创新失败影响研究》，《科研管理》2023年第12期，第179—187页。

度地批评。在此，建议领导者加入诸如"幽默""对事不对人""故事引导法"等技巧对批评予以调和，让员工明白自己的良苦用心，减少对员工的心理伤害，推动工作进展。

在家庭教育中，批评更是一个要谨慎实施的行为。在孩子不懂事的时候，适当的批评可以帮助孩子明辨是非，养成良好的行为习惯，形成正确的人生观、价值观。然而如果批评过度，甚至带有发泄情绪的成分，就会让孩子的心灵受到伤害，违背了爱的初衷。

催眠治疗课堂上曾出现过这样的案例。一个14岁的女孩十分自卑，不爱讲话，学习成绩很差，而且自律性很低。女孩的母亲很着急，便带她来催眠治疗的课堂现场学习，并请求主讲老师帮忙"改进"一下。在主讲老师的挖掘下，我们得知了真相。原来这位母亲始终有苛责女儿的习惯，每当女儿做出令她不满意的行为时，她便对其进行辱骂。久而久之，女孩产生了强烈的心理暗示，但凡遇到挑战、困难或失败时，她就会下意识否定自己，认为自己真的很差劲。当主讲老师运用催眠疗法试图走进女孩的内心时，才发现原来问题的症结不在于女孩，而在于那位过分苛责的母亲。

这种上升到人格层面的苛责，是个别父母惯用的手段，他们往往在批评过程中扩大了孩子的错误。比如，孩子偶尔没有叠被子，就被苛责成懒惰；孩子买了很多东西，就被苛责成贪得无厌……挖苦、讽刺、嘲笑也是常见的苛责手段，譬如孩子忘记写作业时，他们脱口而出："你怎么回事，都这么大了，就不能长点记性吗？书都白读了吗？作业都能忘，你还能干点什么！ 这样下去你干脆上街要饭去吧！"还有一种经常被孩子抱怨的苛责方式，就是父母将自家孩子跟其他孩子做比较："你看看你大姨家的孩子……""人家都能做好，你怎么就做不好？""你是比人家少鼻子少眼睛了，怎么人家那么懂事，你只会惹我生气！"

以上这些言语的背后都是家长"望子成龙，望女成凤"的心愿，家长的本意是通过言语来激发孩子的上进心，唤起孩子的竞争意识，但为什么孩子得到的是被否定和被埋怨的负面情绪呢？归根结底，是表达方式和尺度双双出了问题。有此类过当的家长，首先要掌握一个基本原则——表扬与批评孩子的次数比最好保持在5∶1，其次要尽快掌握表扬孩子的技巧，以达到"家长满意，孩子努力"的双赢效果。而关于表扬的技巧，本书的第二部分会有专门的篇章来呈现。

第 13 讲 忌过分迁就

在乎别人感受，关注他人心情，并为此做出一定牺牲以让对方满意，这种性格特质在一定情境中属于优势。在有明显冲突的时候，如果有人愿意迁就，就可以避免激化矛盾，且有可能快速息事宁人。然而，如果过分迁就，不但会牺牲自己的利益，时间长了还容易陷入"登门槛效应"[1]的泥沼，致使他人变本加厉、得寸进尺，彼此之间的关系看似风平浪静，实则暗流涌动，最终可能彻底崩盘。

电影《九香》的剧情发生在东北小山村，突如其来的暴风雪夺走了女主角九香的丈夫，也摧毁了他们的家园，仅留下九香和五个孩子，生活艰难至极。好在丈夫生前的挚友老关出现了。老关性格开朗，充满担当，虽然失去了妻子并饱受生活的摧残，但他有一份稳定的矿工工作，也有一点积蓄。他热心地照顾九香一

---

[1] 即以小请求开始，最终要人答应更大的请求。1966年，心理学家乔纳·弗里德曼和斯科特·弗雷泽做了一个实验：派研究人员假扮成义工，到加州的一处居民区当面向业主们提出要求，请他们同意在自家院前立一块正常大小的警示牌，上面写着"做一个安全的驾驶员"。这个要求实在太微不足道了，几乎所有人都答应了。两周后，当研究人员向他们提出立一块更大的"小心驾驶"警示牌时，仍有76%的人同意了。然而在另一处居民区，研究人员没有进行第一步的预热，直接提出立大警示牌的请求，结果只有17%的人表示同意。

家,不时送来粮食和物资。随着时间的推移,九香慢慢地对老关产生了情感,孩子们也喜欢上了这位慈祥的大叔。

当故事似乎要迈向美满结局的时候,危机出现了。九香和老关二人在雪地里谈恋爱,被一帮小孩撞见了。这帮小孩正是九香大儿子的同班同学,他们口无遮拦地对着九香大儿子说:"你妈勾汉子咯!你妈勾汉子咯!"这种话致使九香大儿子的自尊心受到伤害,他开始拼命反对两人的关系。每当老关前来,大儿子都会大声斥责,还偷偷在老关的鞋里放钉子,甚至把老关送给九香的梳子摔坏了。九香看到大儿子如此反感自己再婚,便选择了迁就,自此与老关分道扬镳。

后来,九香以一己之力辛勤劳作,将五个孩子养育成人。孩子们有的成为老师,有的成为官员,有的从军,有的出国,在不同地区、不同行业为建设祖国添砖加瓦。然而,当九香想要再见老关时,却获悉老关几年前已去世,她自己也被查出癌症晚期,生命垂危。儿女们悲痛哀叹,大儿子尤为懊悔,后悔自己当年不应阻止母亲再婚。他痛心地说:"妈,要是早知道,我一定不会阻止你和关大叔的。如果能够重来一次,我一定会支持你们,这样你就不会过得如此辛苦了。"

电影希望通过这样的剧情生动地展示九香那种高度关心他人感受,宁愿牺牲自己也要为别人着想的性格特点。但这让人伤心的结局也反映了九香性格中过分迁就的一面。九香面对生活的勇气与乐观是被大家看在眼里的,老关也颇受孩子们的喜爱,邻居与其他村民甚至力劝九香与老关在一起,以改善贫困的生活。但九香担心大儿子受不了同学闲言闲语的心态最终起了决定性作用。她选择迁就大儿子的个人需求，令老关伤心离去。我不禁思索，用自己后半生的幸福换取儿子暂时的满意，然后将整个家庭的经济压力扛在自己一个人的肩膀上，这样做真的值得吗？如果九香没有迁就儿子，而是与他耐心地沟通，结局是不是会完全不一样？假如大家能坐下来心平气和地沟通，或许一段美满幸福的新生活就这样开始了。

我曾经听过这样一个真实的悲剧。一个女孩因为忌惮母亲的权威，从小就不敢对母亲说半个"不"字。从平时穿什么衣服到上什么学校，从学什么专业到找什么工作，她统统不敢发表自己的意见，永远迁就母亲，听从母亲的指挥和安排。25岁那年，母亲给她安排了一个相亲对象，说自己考察后觉得对方条件很好，和女儿很般配，让她"重点考虑"，早点结婚。长期在母亲面前逆来顺受的女儿哪敢拒绝，不到两个月便与对方领了证。

可谁能料到，她的丈夫竟然有家暴倾向，为了不留下痕迹，丈夫甚至会用细针来扎她。她把母女相处中过分迁就的习惯转移到了婚姻中，尝试为对方开脱："他可能工作压力比较大吧。""可能以后就会变好了吧。"没想到，孩子出生后，针竟然也扎到了孩子身上。直到孩子因为频繁哭闹去医院检查，才真相大白。两人因此离婚，丈夫被送去医院做强制心理治疗，留下她独自抚养孩子。

这个案例中有三个明显的过当，其中包括母亲控制欲太强的过当，丈夫家暴的过当，以及女儿逆来顺受、过分迁就的过当。这三点也是导致悲剧发生的主要原因。很难想象，她的孩子刚来到这个世界就要经历这些伤痛。假如母亲能收敛控制的尺度，懂得尊重；假如丈夫体贴妻子，也知道如何正确释放自己的负面情绪；假如女儿敢于抗争，主动争取自己的需求，任何一个"假如"的实现，都可能会阻止这场悲剧的发生。

　　迁就并非一无是处。在亲密关系中，迁就的根基是爱与关怀；在工作关系中，迁就的根基是合作与成功。拥有迁就这种性格特质的人往往具有服务精神和团队意识，会关心他人的感受，避免不必要的冲突。然而，过度的迁就可能导致个人权益被忽视，自我牺牲过多，甚至容易被他人操控。因此，要明智地运用这种特质，同时要记住，凡事皆有度，该争取的时候还是要争取，该反抗的时候还是要反抗，以确保个人权益和自主性不受损害。

第 14 讲　忌自我中心

　　自我中心，是指个体不能区分自己和他人的观点，不能区别自己的活动和对象的变化，把注意力集中在自己的观点和动作上。通常，自我中心的人容易在脑中产生假想的观众，认为别人都像他们自己一样关注自己。这种倾向往往会使人对客观事实产生主观的歪曲，将自己置身于一个虚拟建构的理想世界中。

　　如果运用好这种特质，会起到积极的效果。比如癌症患者坚信自己只是因为运气不佳而患癌，同时相信靠自己的努力能够战胜疾病，即便这种心态可能违背了客观事实，却可以对治疗产生积极影响。

　　看重自己的感受，关注自己的需求，突出自己的表现，皆是人之常情，但如果因此而忽视对他人的关注，或者对自己需要承担的集体责任不够重视，就会产生自我中心的性格过当。

　　有过恋爱经验的人，大概都曾经面对过这样一种情境：无论是你还是你的另一半，可能会出于个人偏好而不愿意妥协或迎合对方的兴趣。以看电影为例，你的男朋友可能希望观赏一部最新上映的电影。最初，你或许并不反对这个提议，因为一起看电影既有助于培养彼此之间的感情，也有助于寻找共同兴趣。然而，当在互联网上查看了影评后，你发现这部电影获得的评价并不高。于是，你表达了自己不太愿意观看的想法，接着建议男朋友选择一些备受好评的电影。可惜你的建议遭到了拒绝，还激发了男朋友的不满，最终你们以一场争吵结束了本该愉快的约会。这位男朋友的做法实际上是一种自我中心的表现。因为在恋爱关系中，有时候看什么电影并不是最重要的，共同观影的过程才是关键。尤其在存在代沟、精神交流较少、共同兴趣不多的情况下，坚守这一原则对于维系感情至关重要。

自我中心的人有两种过当，会让他们的形象在团队关系中受损，因此需要特别重视。

第一，失败时推卸责任。

自我中心的人往往会在事情出错时将责任推给他人。"为什么相亲对象不喜欢我？""那是因为那个人没眼光，根本没深入了解我！""为什么儿子讨厌我？""那是因为孩子不懂事，我这个当家长的没问题！""为什么我们足球队这回又踢输了？""还不是因为时差没倒过来／草皮太软了／草皮太硬了／天气太冷了／太热了／阳光太好了／门柱帮了他们／裁判帮了他们／观众太热情／观众不加油／抽签没抽好／主教练拿钱不干活！"

我年轻的时候，也有过类似的过当，换工作时把原因归结于前东家：要么说那里是不懂惜才的腐朽组织；要么说该行业已近黄昏；要么说自己没得到正确的对待；要么说自己得到太少，对不起付出。随着自己变得成熟，回头看时才发觉，大多数换工作的原因都与我自身的不成熟脱不开关系。

这种推卸责任的做法虽然可以减轻心理压力和内疚感,但它却在无形中伤害了他人的感情,还阻碍了个人的成长。

第二,成功时不懂感恩。

自我中心的人在回顾过去的事件时,倾向于将自己视为事件的主角,强调是自己在影响全局,同时淡化甚至完全忽视了他人的努力,所以常常忘记感恩。美国的研究人员曾经做过一个很有趣的实验,他们对加州的多对夫妻分别进行调查,调查的问题是:"你觉得自己分担了家庭事务百分之多少的比重?"结果令人哭笑不得又仿佛在意料之中——夫妻双方回答的比例加在一起,永远超过100%。

大多数人都需要依靠他人的帮助和支持才能取得成功,忽视了他人的帮助可能会给自己带来麻烦。清朝雍正年间年羹尧征战大西北,以抚远大将军的身份指挥平定罗卜藏丹津之乱,将青海地区完全纳入清朝版图,晋爵一等公。年羹尧以最大功臣自居,认为当下的繁荣是靠其一己之力,甚至开始在雍正面前飞扬跋扈。实际上,如果没有踏上康熙和雍正二帝铺就的平台,他就不可能青云直上;如果没有雍正在后方节衣缩食,以全国经济之力做支撑,西北乱局恐怕会经年累月地持续,也就没有年羹尧的辉煌战功了。这种自我中心的性格特点,也是导致年羹尧后来悲惨下场的重要原因之一。

如果发现自己有自我中心的过当,需要通过理性分析、提高观察力、换位思考等方式将其消减,并且学会看到、认可和感激他人的付出。如果在团队关系中发现他人有过当的现象，也需要尽快通过谈话等方式对其进行帮助和矫正。

  一项针对586名中学生的调查研究显示，青少年自我中心与攻击行为之间存在显著正相关，较高的自我中心倾向伴随着较高的攻击行为，其中包括肢体攻击和语言暴力，且该现象在性别上没有显著的差异。[1]研究者认为，这可能是由于现代社会中，孩子往往被视为家庭和社会的中心，过度的保护使得青少年错误地认为自己是他人关注的焦点。因此，父母和教育工作者需要重视此类现象，并对青少年予以预防和疏导。

---

1 邓玉凤、康杰:《基于典型相关分析的青少年自我中心与攻击行为关系研究》,《预防青少年犯罪研究》2023年第6期，第30—36页。

第 15 讲 忌缺乏目标

1999年农历新年前夕，一部叫《喜剧之王》的电影上映，并成为当年中国香港地区的票房冠军。

在电影中，男主角尹天仇醉心于戏剧，成为一名演员是他的人生终极目标。然而他的机会并不多，平时只能做一些跑龙套的活儿。他胸有大志而不得志，只能住在破落的出租屋，为一份盒饭斤斤计较。很多人鄙视他，觉得他就是个只会做白日梦的社会渣滓，但他不屈不挠地找寻机会，闲暇时还会在社区开设演员训练班。哪怕接到的是小角色，他也会认真思考角色的内心，并做出许多有趣的设计。终于，他在大明星鹃姐的赏识和帮助下得到出演主角的机会，甚至因为演技帮助警方端掉了罪犯的巢穴。

《喜剧之王》不是个让人笑完就结束的喜剧电影，它的后劲很足。"努力！奋斗！"是尹天仇在大海边喊出的口号，他的故事之所以令很多影迷笑着笑着就落了泪，就是因为这种落魄但绝不放弃的精神。

虽然享受当下的生活很重要，但若只顾着及时行乐而忽视了对未来的整体规划，就是过度安于现状、缺乏目标的性格过当。

对一个人而言，如果不知道为何而活，生活就会显得乏味、缺乏激情，精神上也少了主心骨。

如今，"躺平"这个词在年轻人中流行，似乎成了新一代青年的精神取向之一。一项针对大学生是否快乐的调查显示，多达94%的大学生经常感觉空虚、寂寞、无聊、学不到什么东西等，缺少快乐的体验。[1]研究发现，缺少目标是其中一个重要的因素。从小学到高中，考大学是大多数学生的长期目标，甚至是一些学生唯一的成长目标，所以他们会一直朝着这一目标努力。然而，当进入高校，原有的目标消失，新的目标尚未建立，他们就会陷入空虚、无聊的生活状态。

这种空虚和无聊并不会因为参加了工作而减退，因为工作有时是被动的，自己缺乏主观能动性的话，只会变成"卑微的打工人"。而且如今正值移动互联网时代，时间很容易在"刷屏"中不知不觉溜走，所以建立明确的职业目标很有必要。一旦明确目标，既能够激发自己不断学习的自觉性和主动性，又能增强自己克服困难的勇气和信心，还能够帮助自己在纷繁复杂的社会中抓住主要矛盾。

让我们通过两个例子来体会确定目标带来的实际好处。

在电影《垫底辣妹》中，女主角沙耶加是一名打扮入时、甜美可爱的高二女孩。她每日浓妆艳抹，和朋友们昏天黑地地玩耍，对于学习完全不上心，所以成绩掉到了全年级倒数第一名。她自暴自弃，觉得自己很笨，有一搭没一搭地浪费着绝不会重来的宝

---

[1] 赵君嫄、韩志学、刘阳:《浅谈大学生不快乐的成因》,《中国科技投资》2013年第20期,第125页。

贵青春。辅导老师坪田义孝发现她的学业水平仅仅相当于小学四年级后，便对她开始了激励计划，其中最重要的策略便是帮她树立目标。首先，坪田老师为她具象地描述了考入名校的美好画面，建立最大的目标；其次，在复习过程中，坪田老师还会为她设定各种小目标，比如沙耶加成绩理想，坪田老师就曝光自己年轻时傻里傻气的照片，但如果达不到理想的分数，沙耶加就要愿赌服输，把心爱的假睫毛摘掉。这些目标叠加在一起，激发了沙耶加的学习动力，她最后成功考入名校，实现了逆袭。

该电影取材自真实的故事，具有很强的教育意义。它采用了强烈的前后对比法，不但让我们看到目标缺失带来的恶果，还让我们看到了拥有目标带来的魔力。

沙耶加的目标是在别人的帮助下建立起来的，更值得鼓励的是自己主动确立目标。2024年寒假时，我带着一群城里的孩子去湖南怀化木脚村支教。吃完早午饭后，其他孩子都在厨房边烤火盆，有个叫旺旺的小女孩却始终趴在食堂角落的桌子上看手机。后来我才得知，她的父亲在城里打工时出了意外，落下重残，回村休养，母亲则进城打工，成为全家唯一经济来源。旺旺想考进附近最好的中学，以期未来找份好工作，改善家里的条件，于是她每天都拿着手机上网课，争分夺秒地学习，羽绒服里一直塞着课本。这种积极性的产生就是因为她有明确的目标，更难能可贵的是她自行建立了人生目标。所谓"天道酬勤"，相信这种品质也会给她的未来带来好运。

有个著名的"吸引力法则"，指的是只要自己想象明天来个大客户，大客户就真的会来；想象自己明天病就好了，就真的会恢复很多；想象自己明天考试能考得特别好，发现真的每道题都见过！我在首次接触这个法则时非常抵触，因为乍一听它似乎不符合唯物主义的科学思想。实际上，这里面依旧有浓厚的唯物主义思维，只有我们有了足够明确的目标，才会集中全部精力，思考如何实现目标。只要我们想得足够多，并且付诸行动，就能极大地提高目标实现的概率。如果连目标都没有，那谁都帮不了你。

2014年，我曾在《超级演说家》节目中发表过一篇名为《梦，就是路过的幸福》的演讲。演讲的核心观点是，那些睡梦中的美好画面之所以反反复复出现在我们的眼前，就是在提醒我们，那才是我们想要的幸福。如果我们不努力不坚持，没有任何行动，那些画面就永远只是遥远的幻想。所以，归根结底依然是那句话：梦想还是要有的，万一实现了呢？

第16讲 忌不肯改变

在婚恋关系中，因为自身性格不同，每个人无法忍受的性格特质也不同：有的朋友因为自己有强烈的分享欲，所以受不了对方太内向，总不吐露自己的心事；有的朋友执行力很强，善于发现问题和解决问题，受不了对方太迟钝、太拖沓；有的朋友自己没什么主见，反而讨厌对方没有主见，因为希望对方可以成为自己的靠山。

虽然俗话说"江山易改，本性难移"，但通过特定的方法还是可以对性格进行完善的。类似不爱表达、拖延、无主见等性格问题，只要是发自内心地愿意改变，都还有得救。如果对方完全不想改，甚至以个性自居，那就很难有救了。因为最容易成为亲密关系杀手的性格特质，就是不肯改变。

以不变应万变，有时是一种自我保护的策略，是不受他人影响而坚持自我的选择，是一种性格优势，但如果自己明显有问题却不做更正，破罐子破摔，还给别人带来麻烦，就是性格过当了。

有这种性格过当的人，通常有如下三种具体的表现：第一，不会真正关心与迎合他人的需求；第二，会拒绝所有的提醒、建议、劝告甚至恳求；第三，短视，根本不在意这种性格过当可能会在未来给自己带来负面影响。

这类人的经典口头禅是："我就这样。"谈恋爱时两个人闹矛盾，不沟通、不妥协、不商量、不改变，而是甩出来一句话："我就这样，大不了分手。"对方如果想要继续这段关系，就只能选择妥协、接受和适应。这种强硬的姿态，很多时候只会逼得恋人转身离开。

工作时因为自己的问题导致任务失败，不反思、不认错、不善后、不改正，而是甩出来一句话："我就这样，大不了不干了。"于是频频被同事和领导嫌弃，成了全单位的孤岛，平日没人向其提供帮助，也没人喜欢与之搭档做事，甚至年会聚餐时都没人搭讪。

当他们奔波在求职的大路上却一无所获，虽然心生埋怨，但没有总结与反思，更没有设法争取，而是继续甩出那句话："我就这样，大不了继续找。"于是他们错失了一份又一份工作，即便勉强找到也坚持不了几日，更有甚者连维持生活都是奢望。

类似这样的人，会有越来越多的人与之疏远，新交的朋友也会迅速离开。但那又怎样？他们还是可以继续用那句话聊以自慰："我就这样，大不了一个人过。"仿佛自己是个不被凡夫俗子理解的圣人一般，离开自己一定是别人的损失。历史上，不需要做出改变，别人只能迎合他的人，恐怕只有皇帝了。

不肯改变的性格特质是天生的吗？其实不然。科学研究发现，但凡有这种性格过当的成年人，大多在孩童时期与父母关系不好，他们几乎从未感受过父母的爱，也从未觉得父母真正接受自己，加上与同辈的对比，会使得他们逐渐产生一种感觉："我是被遗弃的，我不配拥有好的人生。"他们在潜意识中会极力破坏任何成功的可能，以及任何建立人际关系的机会，而最有效的破坏方式就是拒绝。反正努力也没有好命，不如干脆拒绝改变。这就是所谓的"破罐子破摔"。仔细想想，这何尝不是一种悲观的人生态度？

我在某次自媒体创作大会上结识了一个专门撰写仙侠小说的小哥，他凭借这份工作吸引了过万的在线付费读者，并因此过上了还算舒适的生活。出于好奇，我阅读了几本他已完结的作品，并看了网友的评论，结果发现除了我之外，还有一批人不太喜欢他塑造的角色。他笔下的主角们虽然很善良，但大多数是"今朝有酒今朝醉"的浪子，既没有过去，也不谈未来。他们对生活很不负责任，对待感情也是一副纨绔做派，仿佛只有全世界女人迎合他们的份儿，绝没有他们为某个女人做出改变的道理。我们有理由相信，这样的角色是难以达到"王子与公主幸福地生活在一起"的童话结局的。

我和这位小哥私下交流时发现，原来他自己的性格就是这样。他父亲是一个对家庭不负责任的人，四处留情，"红颜知己"甚多。他上高中的时候，父亲直接与人私奔了，使得他年少辍学，四处游荡，靠打临时工维持生计。因为有强烈的被遗弃感，他认为自己此生不配拥有幸福，干脆选择破罐子破摔。他明知自己充满了过当，却从未做出积极的改变，最后硬生生活成了父亲当年的模样：打架，嗜酒，频繁遭到异性的欺骗与背叛，感情始终没有开花结果。在聊天的最终，他叹了口气，说出了那句经典的台词："我就这样。"

对于这样的人，如果没有拯救的义务，还是主动远离为好，因为他们只会不断剥夺别人的快乐，而不会给予任何价值。

如果你依然希望拯救那个亲密的人，或者你自己就有一些性格过当，想要做出改变，不妨与我一起进入本书的下一个板块，来探讨如何完善自己的性格，进而改变自己的命运。

第二部分
性格之愈

16 种解法，完善自身性格

第 17 讲　宜顺天性

每次性格讲座后，都会有人向我提问，基本上只要对方说两三句，我就能大体判断出他们的性格类型。比如有的观众在听完性格分析后的第一个问题是："老师，那我是什么性格啊？"他们说话时情绪很丰富，语调很跳跃，话里话外都是关于自己的事情，对新鲜事物比较好奇。这类人基本都是外向活泼的性格，容易在社交领域胜出。

有的观众听完后问："老师，您讲得很好，但我想再研究研究，能不能推荐几本书给我？"这类人讲话时几乎没什么表情，说话不会太直接，心思细腻，遇到新鲜事物会本能地做调查研究，避免盲目决断和快速行动。这类人往往能够胜任统筹规划的工作。

第三类观众听完后说："老师，您讲得不错，但性格这个东西到底有啥用？"他们说话时透露着自信，提问比较直接，不太在乎别人的感受。任何一个新鲜事物放在面前，他们的第一反应就是关注用途与利弊，看其能解决什么问题。这类人往往是善于直面问题、解决问题的人，比较适合带领团队。

第四类观众听完后简单一笑就完事了，他们甚至连听讲座都是被别人拉来的，本身并没太多主见，经常把"无所谓""挺好的""都行"挂在嘴边，说话语气如小学生一般。在他们身上难以体察到力量感。他们脾气极好，让人觉得舒适放松。这种性格的人如果做服务型工作，比如心理咨询师、后勤保障等会比较占优势。

以上这些推断虽然并不绝对，但有很高的命中率，因为不同性格的人有着不同的行事风格和性格优势，它们联合起来引导每个人走向不同的道路，展开不同的命运。虽然我们需要很多技术手段来修正自己的性格过当，但在修正前首先要摆正心态，既不能因为拥有某些过当就妄自菲薄，也不能因为没有过当而沾沾自喜。其次，我们要学会发现自己的性格优势，因为每种性格喜欢和擅长的东西不同，假如能够顺应天性，选择适合的赛道并善加利用，很有可能会起到事半功倍的效果。

在武侠小说《射雕英雄传》中，洪七公巧妙地为两名徒弟制订了有针对性的培训方案。他深谙因材施教之理，教黄蓉打狗棒法，教郭靖降龙十八掌。因为打狗棒法源自与狗搏斗的实践经验，最大的特点就是灵活多变，机巧百出，共包含三十六路、十二招、八字口诀。这类武术对于天性多变、身体灵活的黄蓉而言，既能引发其兴趣，也能被快速掌握。然而，如果想让郭靖掌握打狗棒法，恐怕就很难了，因为郭靖的性格本就不喜欢复杂多变，简单、直接、好用的东西对他来说反而是最好学的，所以类似降龙十八掌这种至刚至阳的"天下第一掌法"，才是他的最佳选择。郭靖因此成了武林高手，实现了"弯道超车"。[1] 从这个角度来讲，洪七公也算是因材施教和素质教育的典范了。

这也解释了为何江南七怪最初未能将郭靖打造成高手。他们希望郭靖在与杨康的比武中获胜，同时证明江南七怪的水平更胜丘处机，为此不遗余力，各自授以郭靖不同的武术：朱聪教分筋错骨手，韩宝驹教金龙鞭法，南希仁教南山掌法……这种将各种武术混杂着教的做法恐怕更适合黄蓉，对郭靖而言，这完全无法忍受，他脑子根本转不过来，所以尽管他对所有招数都略有所知，却无法做到精通，变得如废才一般。

这个故事告诉我们，假如我们可以摸清自己的性格特点，知道自己的性格更适合学习什么，做些什么，在哪个赛道更容易胜出，就很有可能让自己的命运如牛市般一路飘红。反之，假使我们一直做的是自己不喜欢、不擅长的事，虽然也有可能成功，但很有可能需要付出更多，情绪上也更容易低落，时间长了恐怕会失去积极性。

研究表明，世界上大多数人都会经历一段人生迷茫期，通常是在30到35岁之间。这是因为在此之前，人们往往在父母、老师和领导的要求下努力培养各种技能。然而，我们可能并不清楚自己真正擅长什么，也缺乏了解自己天性的机会。父母、老师和领导也未必具备充分和专业的心理学知识，无法有效指导每个人的发展方向。因此，许多人在这个过程中培养出了与

---

[1] 冯美娣、胡丽芳、罗月：《从"江南七怪"的教学谈教育》，《语文教学通讯》2018年第12期，第9—11页。

自己天性不符的能力。例如，原本拥有出色运动天赋的男孩可能被要求学习了美术，外向奔放的女孩在老师的引导下可能变得过于循规蹈矩，内向的大学生可能毕业后选择了需要大量社交的销售工作。

一些人到了30多岁，已经建立了家庭，拥有了稳定的工作及一定的社会地位和物质财富，便开始反思一些重大问题："这样的生活是否真正符合我的期望？""我是否愿意一辈子过这样的生活？""我真正想要什么呢？"这些问题涉及一个更深层次的哲学问题："我究竟是谁？"

迷茫不见得是坏事，因为这也标志着自我认知的开始。他们尝试了解真正的自己，努力寻找真正让自己开心和舒服的赛道，在这个时候做出的选择，往往会直接影响他们后半生的幸福程度。如果他们继续违背自己的天性生活，可能会变得越来越疲惫，在别人为他们设计的生活陷阱中越陷越深。但如果能够找到真正的自我，并开辟一条顺应自己天性的道路，即使最终没有到达巅峰，也会因沿途的风景而充满激情和喜悦。

有一部短片名为《缓慢的莱纳》，片长只有九分钟。主角莱纳有一个神奇的特质，他说话和行动的速度都只有普通人的一半甚至更慢。在他的世界中，一切以正常速度运转的事物都显得过于迅速。莱纳只能以慢动作的方式生活，这给他带来了许多麻烦：他的工作难以按时完成，跟女孩表白却被别人抢先，客户也总被其他人抢走。他没有做成一件值得自豪的事情，最终被公司解雇。因为那家公司强调高效率，莱纳这种慢吞吞的人显然不适合。莱纳感到自己的人生似乎就这样了。

然而在短片的结尾，莱纳找到了一份全新的工作：他成为一名敬老院的护工。在那里，所有的老人都行动缓慢，舀一勺饭送到嘴里需要好几秒，从床上下来再走到客厅需要好几分钟。其他性格的护工都因为不能适应这慢节奏的工作而一一离职，但莱纳不同，他的行动速度正好与老人们的生活步调契合，他甚至发现自己的行动速度比老人们还要快，前公司眼中的过当，在这里竟然变成了巨大的优势。于是，他开始充满自信，工作也变得愉快起来，他也借此找到了工作的意义和生命的价值。

这部短片虽然有艺术夸张的成分，但道理是显而易见的：找到符合自己天性的工作，"开挂"升级就会容易很多！多年的社会调研和数据统计能够给我们很好的参考。

有研究人员对加拿大某学校管理人员的性格类型分布做了调查[1]，结果如表2所示：

1　伊莎贝尔·布里格斯·迈尔斯、彼得·迈尔斯：《天资差异：人格类型的理解》，张荣建译，重庆出版社，2008。

表 2　加拿大某学校管理人员性格类型分布表（N=124）

内倾感觉思考判断型（ISTJ） N =14 11.3% SSR =1.40	内倾感觉情感判断型（ISFJ） N =12 9.7% SSR =2.44	内倾直觉情感判断型（INFJ） N =9 7.3% SSR =3.44	内倾直觉思考判断型（INTJ） N =10 8.1% SSR =1.72
内倾感觉思考感知型（ISTP） N =0 0% SSR =0.0	内倾感觉情感感知型（ISFP） N =1 0.8% SSR =0.18	内倾直觉情感感知型（INFP） N =3 2.4% SSR =0.58	内倾直觉思考感知型（INTP） N =1 0.8% SSR =0.14
外倾感觉思考感知型（ESTP） N =1 0.8% SSR =0.10	外倾感觉情感感知型（ESFP） N =3 2.4% SSR =0.38	外倾直觉情感感知型（ENFP） N =6 4.8% SSR =0.68	外倾直觉思考感知型（ENTP） N =2 1.6% SSR =0.20
外倾感觉思考判断型（ESTJ） N =27 21.8% SSR =1.39	外倾感觉情感判断型（ESFJ） N =15 12.1% SSR =1.87	外倾直觉情感判断型（ENFJ） N =7 5.6% SSR =1.59	外倾直觉思考判断型（ENTJ） N =13 10.5% SSR =1.58

	N	%	N	%	
外倾型（E）	74	59.7	68	54.8	思考型（T）
内倾型（I）	50	40.3	56	45.2	情感型（F）
感觉型（S）	73	58.9	107	86.3	判断型（J）
直觉型（N）	51	41.4	17	13.7	感知型（P）

表 2 中的黑色小方块可以粗略地代表不同性格类型人群在学校管理岗上的分布程度。其中 J（判断型）人的比例高达 86.3%，该类型人做事往往倾向于系统、计划、赶早、流程、章法，所以相对来说更加胜任管理岗位的工作。而 P（感知型）人的比例只有 13.7%，或许他们这种倾向于随意、灵活、后动、即兴、顺势

的性格特点，使得他们难以长久地待在学校的管理岗位上。

那么问题来了，假如你知道了自己的性格类型，也知晓了诸多职业人群性格分布表，你会怎么做呢？是要顺应天性，还是要逆风挑战呢？

我们都知道幸福是通过奋斗获得的，成功是需要激情来实现的，但如何保持长期的激情和奋斗的动力，这个问题同样值得关注。假如可以顺应天性，形成一个符合自己偏好的生活方式，找到一个不断发挥自己性格优势的工作，那么激情可能并不需要刻意催化便会如泉水一般源源不竭。

第 18 讲 宜协调互补

上一讲，我们谈论了工作与性格的关系，并强调根据自身性格特点选择职业，可以扬长避短，让自己的人生快乐顺遂。一个毫不了解心理学的毕业生，若能机缘巧合地找到与其性格完美契合的职位，实在是幸运至极。但许多人难以拥有如此的幸运，他们可能需要通过多种工作的"煎熬"后，才能认识到性格与职业匹配的重要性，即便认识到了，他们也可能迫于现实压力而继续在不符合自己天性的岗位上继续操劳。

如果我们对现有的工作不满，且发现它并不符合天性，该如何应对呢？除了寻找一份新工作或将现有工作视为珍贵的锻炼机会这两个选择外，我在此提出一种"协调互补"的角色定位，试图为你提供第三种选择。

客观上讲，如果每个人在进入职场前都能获取一份基于大数据的性格与职业匹配表格，选择将变得更容易。然而，这也可能导致扎堆现象。如果每个岗位只招募具有相似性格特点的员工，比如银行柜台只招募细心、内向的员工，销售部门只招募外向、果断的员工，服务部门只招募宽容、耐心的员工，将导致团队能力上的不平衡：银行系统将因此缺乏活力，整日死气沉沉；销售系统将缺乏风险意识，且团队之间因为缺乏"调和剂"而容易爆发矛盾冲突；服务系统则会显得毫无斗志，缺少创新思维，难以让工作升级迭代。因此，即使在同一职位上，也需要不同性格特点的员工协调互补。

例如一名美国警官学校的毕业生性格严肃认真、不苟言笑、服从命令、原则性强、具备风险意识，假使他入职了美国监狱系统，这可能会非常适合，这是由监狱的工作环境和工作性质决定的。[1] 与之相反，另一名外向度和包容度都比较高的毕业生却能在犯人需要心理疏导和矫正时发挥重要作用，因为他的感受力和关怀能力对犯人的改造至关重要。[2] 这一例子表明，即使在同一职业领域，不同性格类型的员工也能发挥其独特的作用，从而使整个团队相互协调，相互补充。

再举一例。电视节目制作组通常要求工作人员保质保量地剪辑片段并确保节目顺利播出，如果一个人在性格上有细心谨慎、考虑风险等优势，相对来说会比较得心应手。但这并不代表其他性格就无法在该岗位上发光发热。2013年，一档名叫《爸爸去哪儿》的亲子节目火爆全国，给观众带来了全新的观看体验：原来字幕不是只能加在画面最下方，还可以以各种花哨的形式出现在画面中央，用来表现人物内心的想法，或增加对画面的描述效果。

---

[1] 翟中东：《国外监狱的设置及其工作人员情况》，《中国监狱学刊》2023年第4期，第135—141页。文中提到罪犯管理人员形成的亚文化规则主要有：支持其他同事惩罚罪犯，不要同情罪犯，不要与罪犯走得太近，不要与罪犯一起批评自己的领导，不要在背后捅同事刀子，不要允许错误进入工作空间，尊重同事的智慧、经验。

[2] 李鹏展，柴大科：《看守所在押人员的心理解读》，《上海公安高等专科学校学报》2009年第5期，第50—54页。

这类涂鸦式字幕起到了渲染情感、引起观众共鸣、丰富节目内容、强化人物形象、增加视觉效果的作用，被网友们称为"神字幕"。

这种字幕是一群富有创意、敢于打破常规的节目制作人员做出来的。他们天生不喜欢按部就班，总想把手头的工作内容往创新和有趣上引，于是掀起了一股"神字幕"的讨论热潮，甚至为此后所有真人秀类节目奠定了基本操作。这一例子也表明，大方向与整体上的性格要求不能成为绝对的门槛，因为岗位是可以被细分的，即使性格类型看似与岗位要求有矛盾，也能在其中找到发挥优势的战场。

让不同性格的人协调互补，有时是为了锦上添花，让工作变得更好，有时却是团队工作正常运转的基本保障。有一部名为《重版出来！》的电视剧，剧情围绕一个漫画杂志编辑部的工作日常展开。在这个编辑部里，编辑的职责是寻找潜在的漫画家，鼓励他们完善并发表自己的漫画连载作品。漫画家本身多为充满艺术气质的创作者，他们往往难以与人有效沟通，因此，编辑通常都是类似女主角那样高情商且善于沟通的人。然而在这个编辑部中，有一位名叫安井的编辑，被业内戏称为"新人碾压机"。他对初入行的漫画家要求极高，不仅注重质量，还注重速度。甚至有时在离截稿日仅剩一周的情况下，他也会要求漫画家彻底改变角色的外貌设定，哪怕漫画家需要付出不眠不休的努力，也得将内容全部重新绘制。

为什么安井会如此苛刻？这背后隐藏着一段令人心酸的故事。数年前，安井是一个与漫画家合作默契的编辑，然而，他所在的杂志社因销售业绩不佳而被公司高层勒令停刊。安井本已因过度专注于工作而受到妻子的责备，面临这样的命运，他更加痛苦不堪。为了避免再次经历杂志停刊的痛苦，他开始着手改变自己的命运，变得更注重市场、数据、销量和盈利，而不顾漫画家的情感。他坚守自己认为对事业成功至关重要的立场，工作起来几乎冷酷无情。编辑部的所有编辑都深知，只要是由安井负责的作品，销售上都能取得巨大的成功。如果没有安井来确保利润，其他编辑都无力冒险支持新人漫画家，并承担潜在的亏损。

安井在这里扮演的就是"协调互补"的角色。虽然从性格与职业匹配的角度来看，他后来的性格特质并不适合跟漫画家们打交道，当其他编辑以人文艺术的眼光寻找有潜力却不一定能盈利的漫画家时，他则以市场和利润为导向，坚决支持那些能够赚钱的漫画家。这个例子给我们带来的启示是，即便所做工作不符合天性，也不必妄自菲薄，可能在其他同事的眼中，你就是团队配合中不可或缺的一环。

虽然适配天性的工作更容易使人"开挂"升级，但性格与职业匹配表只是一种参考，并没有绝对性。即使你的性格与所选职业不是最佳匹配，也不必感到沮丧。相反，你应该在工作中主动寻找机会，将自己的优势充分发挥出来，与其他同事搭档合作。这样，你将成为一个宝贵的贡献者，你的能力在团队中也将变得不可或缺，而不可或缺之物往往更具价值！

第 19 讲 宜变通

鲁迅在1924年写过一首打油诗,叫《我的失恋》:

我的所爱在山腰;
想去寻她山太高,
低头无法泪沾袍。
爱人赠我百蝶巾;
回她什么:猫头鹰。
从此翻脸不理我,
不知何故兮使我心惊。

我的所爱在闹市;
想去寻她人拥挤,
仰头无法泪沾耳。
爱人赠我双燕图;
回她什么:冰糖壶卢。
从此翻脸不理我,

不知何故兮使我胡涂。

我的所爱在河滨；

想去寻她河水深，

歪头无法泪沾襟。

爱人赠我金表索；

回她什么：发汗药。

从此翻脸不理我，

不知何故兮使我神经衰弱。

我的所爱在豪家；

想去寻她兮没有汽车，

摇头无法泪如麻。

爱人赠我玫瑰花；

回她什么：赤练蛇。

从此翻脸不理我，

不知何故兮——由她去罢。[1]

这首诗的大意是，爱人送给"我"一系列珍贵礼物，包括手帕、国画、手表和玫瑰花，而为了回应她的情感，"我"选择赠送自己的心仪之物，包括猫头鹰、冰糖葫芦、发汗药和赤练蛇。然而，爱人收到这些礼物后却面露不悦，毕竟，其他人所送的礼物

---

[1] 该诗最初发表于《语丝》。作者鲁迅在《〈野草〉英文译本序》中说："因为讽刺当时盛行的失恋诗，作《我的失恋》。"在《我和〈语丝〉的始终》中又进一步说："不过是三段打油诗，题作《我的失恋》，是看见当时'阿呀阿唷，我要死了'之类的失恋诗盛行，故意作一首用'由她去罢'收场的东西，开开玩笑的。"

无一不充溢着浪漫和高雅,而"我"却选择了一系列看似杂乱无章的物品回赠,不符合送礼的常规。

然而,如果我们考虑到作者鲁迅的个人爱好,选这四样回礼的原因便有迹可循了。猫头鹰不仅是西方智慧的象征,也是鲁迅钟爱的动物,他将自己的作品称为"枭鸣",自比黑夜中的呼喊者;鲁迅痴迷甜食,早年在教育部工作时,每到发薪日他就会光顾一家法国面包坊,购买两款奶油蛋糕,每款20个,当时这可是非常昂贵的美食,而他最爱的糕点,莫过于蜜糖浆包裹的满族点心"萨其马",因此,类似冰糖葫芦这种蜜糖浆包裹的甜食也是他的心头好;鲁迅常年抽烟,每天数十支,导致他床边的白色床幔也因烟雾而变黄,他的肺部长期受吸烟影响,发汗药成为缓解肺部不适的必需品,对鲁迅而言,发汗药就如同哮喘患者的气雾剂一般,极为珍贵;鲁迅的生肖为蛇,他从小就热爱蛇类,作品中也包含大量关于蛇的描写,这源于他对蛇的特殊情感。[1] 幸好这首诗是鲁迅用来讽刺失恋诗歌流派的作品,否则后人可能会将其误解为情商欠佳的典型案例而进行嘲讽和讥笑。[2]

不过,这首打油诗也展示了人际交往中常见的情境:为了增进人际关系,我们往往会毫不吝啬地将自己认为最好的东西给对方,却有可能既未得到欣赏,还遭遇了冷漠和指责。孔子有言,"己所不欲,勿施于人",这句话传承了千年智慧。然而在人际

---

[1] 方长安、王海龙:《一首被低估的新诗——鲁迅〈我的失恋〉之隐在经典性》,《山西大学学报(哲学社会科学版)》2023年第4期,第103—110页。

[2] 王央浓、王晓初:《鲁迅诗歌〈我的失恋〉的又一解读:爱情的错位与苦闷》,《名作欣赏》2012年第33期,第37—40页。文中指出,在某种程度上,该诗可以说是鲁迅与朱安婚姻生活的写照。文中的"我"可以理解为鲁迅自身,而"我"的失恋正是鲁迅自己婚姻的"失恋"。

交往的复杂世界中，我们需要审慎思考其背后的深层含义。毫无疑问，"己所不欲，勿施于人"这句话教导我们要避免将自己不喜欢的东西强加于他人，但是否可以将其视作普遍适用的绝对规则，却值得进一步探讨。因为如果我们坚守这一原则，是否意味着就可以毫无顾忌地将自己喜欢的东西无条件地赠送给他人呢？

鲁迅诗歌中"爱人"的反应告诉我们：事情并非如此简单。人的喜好是多种多样的，自己不喜欢的东西未必就不会被别人喜欢。因此，我们需要超越己见，更加细致入微地了解他人的兴趣和需求。举例来说，假如鲁迅诗歌中的"我"能送给爱人她真正喜欢的东西，而不是"我"觉得珍贵的东西，那么她恐怕就不会"从此翻脸不理我"，而是能感受到"我"对她的理解与关心。

在人际交往中，我们要尽量避免将自己喜欢的东西强加给别人，因为一旦引发不快，哪怕自己的出发点是好的，也容易形成过当并带来麻烦。因此，人际交往的核心法则应该是学会变通，通过聆听和沟通，站在对方的立场去理解并满足他们的需求，这不仅能够实现我们自己的目标，还可以增进彼此之间的情感联结，创造更加和谐的人际关系。

在电影《垫底辣妹》中，森玲司的父亲是一位杰出的律师，因此他渴望自己的独生子也能够接受高等教育，学习法律专业，踏上与他相似的职业道路。然而，森玲司坚决反对父亲干涉他的人生选择，更厌恶父亲将自己的偏好强加给他，所以故意不学习，整天沉迷于游戏，给他的父母带来了不小的困扰。

森玲司的母亲求助于课余辅导老师坪田。坪田老师以往最擅长的手段是认可和鼓励学生，并且成效显著。然而，他意识到以前的方法对眼前这位学生已不再奏效，因此决定变通一下，更换一种更能引起共鸣的说服策略。

坪田老师对森玲司说："你很喜欢玩游戏啊！那你肯定玩过《超级玛丽》吧？在那个游戏中，马里奥克服了一个又一个困难，不断前行，只为了最终击败大魔王，救出公主。我们设想一下，如果马里奥在成功打败大魔王后就转身离开，不救公主，那公主会有怎样的反应呢？她肯定会感到失望对不对？这个失望的冲击感可是比马里奥打一开始就不打算拯救她的冲击感更为强烈。同样的道理，如果你想反对你的父亲，目前采取的方法在我看来真的太蠢了。我现在来告诉你一个更好的办法！那就是在高中认真学习三年，考上大学，让你的父亲看到希望。一旦你考上了，就可以坚决不选择法律专业，甚至可以选择不去上学。你想象一下，那时候你的父亲会有怎样的反应？"

这番话让森玲司得到了一个全新的"报复策略"，于是他决定发愤图强，只为三年后让父亲暴跳如雷。

虽然这种"报复"亲生父亲的思想不可取，然而我们有理由相信，当森玲司开始发奋学习时，不论他的动机如何，他的父母肯定是喜笑颜开的，而三年后森玲司是否仍要实施他的"报复计划"，相比之下已经不那么重要了。

森玲司学习态度转变最关键的原因就在于坪田老师的灵活变通，即用对方容易接受的方式做了思想工作。假使森玲司的父亲也能有这种变通能力,不把自己的期望强塞给儿子,可能矛盾也就不会发生了。

这种变通思维如果放在销售上,将会收到奇效。

我曾经参加过一场商业会议,当时现场来了某位知名企业的大老板,包括我在内的几个培训师都希望能够给对方留下深刻的印象,争取到给该企业做内训的机会。中午一起吃饭时,其他几位培训师都发挥了自己的语言天赋,不断地赞美与认可这位老板,还时不时标榜一下自己的实力。但我因为是性格心理学的培训师,通过一些细节快速判断出这位老板是个内向、务实、保守、严谨的人,与此类性格者相处时越是花言巧语,越有可能增加他的不信任感。于是我决定变通,闭上自己的嘴巴一言不发,全程聆听和微笑。

等到他吃得差不多了,用一个眼神扫视桌子时,我快速把一包纸巾放到转桌上,转到他面前,微笑示意。最后,我成功拿到了给他们公司做培训的机会。道理很简单,那位老板说:"蒋佳琦这个人可以在这么短的时间里判断出我的性格,并且用我喜欢的方式对待我,说明有真才实学,那当然要让他来讲讲课,让我的员工都具备这种能力!"

变通不是简单地讨好对方或使用花言巧语来迫使他人妥协,而是根据对方的需求和偏好来调整自己的方法,以实现共同的目标。

通过站在对方的角度思考,理解他们的感受和期望,我们可以更有效地影响和说服他人,创造双赢的局面。这也是一种聪明的人际沟通方式。所以我们常常讲:"一个一眼就能看清对方性格并愿意变通地与之相处的人，一定是在各种场合都如鱼得水的人。"这句话虽然夸张，却很有道理。

第 20 讲　宜控制情绪

前面我们有讲到，过度情绪化是一种会带来麻烦的过当，所以个别朋友会对情绪产生反感，甚至希望彻底消除它，以避免它对自身的影响。然而"消除情绪"这一说法并不准确，因为只要生命存在，情绪就会随之而来。

在谈到情绪时，我身边的心理咨询师们经常讲一句有趣的话，叫"情绪就是个屁"。这里的比喻并非贬低情绪的价值，而是强调情绪跟屁一样，它的形成非人力所能左右。就比如此时问你："你可以保证一直不放屁吗？"答案当然是否定的，因为人体内的产气厌氧菌和产气好氧菌们无法被个人意志支配，它们的行为实由自然法则所决定。然而，如果问你："下次放屁能不能小点声？"可能你的回答就会倾向于肯定了，因为我们确实可以对身体施加一定的控制。正如我们能够主动调整放屁的强度以适应不同场合，情绪的释放效果亦可在我们的掌控之中。此外，情绪本身有积极作用，因此我们真正需要解决的问题并非"如何彻底消除情绪"，而是"如何避免情绪化带来的麻烦"。

在这里，我们首先要清楚影响情绪的三个不同因素：客观刺激、主观认知和生理基础。

所谓客观刺激，指的是外界发生的事件。如果事件未曾发生，情绪自然不会被唤起，而事件的性质将直接决定情绪起伏的强度。例如，丢东西可分为丢了一支铅笔和丢了一个钱包之别，明显后者更容易引发恐慌情绪；相亲对象可能是张三李四之类的普通人也可能是面容姣好的模特，显然后者更容易引人激动；孩子考了90分和9分，明显后者更容易令家长崩溃。

主观认知则是个体对客观刺激的看法。同一事件因为认识的角度不同会导致不同的结论，情绪也会随之发生相应的变化。例如自家孩子玩耍时被烫伤，留下了豌豆大小的疤痕，一些父母发现后可能愤怒不已，甚至因此责骂孩子，另一些父母却可能会想："这是个记号，以后孩子丢了也不怕找不到了！"这种主观认知的不同，直接决定了情绪的色彩差异。

生理基础则包括先天遗传因素和后天病理因素，决定了个体是否容易产生某类情绪。有些人天生性格火暴，小小的矛盾都能让他们怒不可遏；有的人平日脾气温和，但在特殊时期（如生病期间、月经期等）可能会陷入严重的情绪起伏。对患有幽闭恐惧症的人来说，突然停电可能是触发他们恐惧情绪的导火线，以至于他们只会在恐慌中等待救援；但对没有该症状的人来说，突然停电并不会诱发很严重的恐惧情绪，他们往往会快速理性地打开手机内置手电筒。

考虑到这三个因素，我们便可以推断情绪涌现后应该如何应对。客观事实是无法改变的；生理基础虽然可以改善，但需要一个漫长的治疗过程；而主观认知是我们能够主动调整的。通过努力将负面事件转化为积极思维,我们可以快速且有效地减少负面情绪。

拿我自己举例。2009年4月,研究生入学考试的复试成绩公布,我落榜了,这似乎正式宣告我考研失败,我的心情瞬间跌入谷底,对前途感到迷茫。学院通知我参加院内调剂,但调剂的专业乍一听并不好,而且它是第一年招生,连导师队伍都是临时组建的,还要学生自费。这则通知加剧了我的失落感,因为在当时的我看来,宁缺毋滥,"调剂"这两个字本身就是对自己过去几个月努力的一种侮辱。

当一些与我情况相似的同学逐渐离开现场时,友人提醒我要积极看待这次调剂:首先,无论如何它都是个正儿八经的硕士专业;其次,导师队伍虽然是临时组建的,但成员都是学院知名的教授,跟着谁学有时比学什么更重要;最后,它可是两年制的研究生专业,节约出来的一年出去干点什么不好?难道就不能把学费赚回来?三言两语下来,我转换了主观认知:原来接受调剂根本不是坏事,而是天大的好事!于是我心情大好地去填了调剂表格。后来的发展也证明友人的判断是正确的。这件事让我学会了一个道理:哪怕是坏事也都有好的一面,只要自己能合理调整,就能以更积极的心态去面对麻烦和解决问题。

然而,并非所有的客观事实都能够通过主观认知快速转化为积极思维,那些困扰人心的情绪不应被深藏,而宜被释放和宣泄,这时就需要掌握"情绪转向"的技巧了。

小时候看动画片《蜡笔小新》,我们或许会认为妮妮的妈妈是个有暴力倾向的人,因为她经常握紧拳头威胁要打人。然而细细想来，妮妮的妈妈在情绪控制方面可谓是一个高手！当小新这个顽皮孩子的胡作非为让人不快时，虽然她的愤怒情绪一览无余，但她并没有急躁、赶人、搞破坏，也没有对小新动手，而是走入卧室，将情绪发泄在毛绒玩具上，然后再走出来继续以温柔的态度面对孩子们。她有情绪，但没有失去对情绪的控制，并且选用了一种相对无害的方式将负面情绪释放。这种情绪管理方式只有理智程度较高的人才容易做到，值得我们学习。

总之，负面情绪的涌现并不可怕，重要的是不要失去对情绪的控制。首先，要学会切换主观认知，努力减少负面情绪的不良影响；其次，在情绪释放方面，应该为自己设计一条无害的发泄途径，这样就能有效避免情绪对命运的干扰了。

第21讲 宜自律

过度的情绪化和情绪波动,都是一种危险的信号。小的决策错误导致的后果或许还能让人容忍,若是遇到人生关键性的大事需要决策,不冷静面对以寻求解决之道,反而将未来与命运交于情绪之手,而非用自己的理性掌控,那岂不是儿戏?等事后冷静下来再懊悔不已,或许大局已定,即便想要弥补也颇为困难了。

此类朋友请务必铭记以下口诀:"情绪化不出门,出门不见人,见人不说话,说话不议论,议论不决定,决定不行动。"这六句口诀可以最大限度地确保一个人在情绪高度起伏时,不致说出伤害他人的言辞,避免造成人际关系的纷乱。然而,这几句话也仅能保证在情绪化来临后不造成太大麻烦,属于事后找补。假使我们从源头出发,减少情绪化的发生,岂不更直接?因此,相比于铭记并恪守这六句口诀,我们更需要学会如何预防情绪化。

在探讨解决方案之前,我想先借助一个比喻来帮助大家理解。如果将每人每天对幸福的需求以一个杯子的容量来表示,当杯子被填至八分满时,人或许就会感到满足,整体心态也会好很多,即便遭遇令人不快的事,也不太容易出现情绪方面的过当。虽然余下的那些困扰确实会消耗一部分幸福，但仍能让我们保持一天较高的整体幸福程度，这有助于积极理性地应对问题，如图4所示：

幸福如果八分满
遇到麻烦也舒坦

图 4

如果某天自己的幸福感没有达到八分，就会心情低落，此时我们往往会采取各种措施来补充，比如吃零食、看喜剧、玩游戏或与人交流，最终的目标是将当天的幸福感提升至八分，如图5所示：

幸福如果三分满
吃喝玩乐找温暖

图 5

如果某天自己只有三四分的幸福感,且尚未来得及补充,此时只要有一两件讨厌的事情突然发生,即便它们的影响力很小,我们的幸福感也会被瞬间抽干,情绪过当还将增加这种不快出现的概率,如图6所示:

三分满时遇麻烦
来人!让我怼一怼

图6

因此,如何努力确保自己每天拥有足够的幸福感,避免情绪过当的出现呢?保持自律是有效的途径之一。

想象一下,如果你是个不够自律的人——晚上追剧熬至深夜,早上醒来疲倦不堪,没吃早餐,也没锻炼身体,甚至没空洗漱,在地铁上懒散地玩手机,同时担忧自己今天是否上班会迟到。当你看到周围有人在读书,听到别人在谈论奖金和成就,你的心情是不是已经有点烦乱了?在这种状态下上班,哪怕遇到再微小的不顺之事,恐怕都会让你出现情绪过当,并且难以自我调节。

假如你是高度自律的人,在早上上班前,已经有了充分的睡眠,早起完成了锻炼,自己做了营养早餐,还听了有声书,出门前收拾了家中的卫生，在去上班的地铁上你甚至还背了15分钟单词。此时的你大概会在心中默念："我一大早就完成了这么多任务，今天肯定会顺利！"在上班前，你已主动为自己的"幸福杯子"注满了水。当你下班回家后，依然保持自律，按计划完成各项活动——手工、拼图、写作等，还坚持早睡，绝不熬夜。这些行为不仅培养了你的修养，增加了耐性，还使你的幸福指数始终保持在一个很高的水平，也给第二天打下了良好的基础。相信在这种状态的加持下，即便在工作与生活中出现突发状况，你大概率都能泰然处之，即便仍有情绪波动，也不至于暴跳如雷。

一项发布于2011年《普通精神病学档案》上的长期研究表明，高自律人群对复杂环境的适应力更强，在应对负面情绪上有更强的恢复力。长达12年的跟踪研究发现，高自律组的人群中有6%的人心脏病发作或死于心血管疾病，但在低自律组，这类死因的比例高达14%。[1]可见自律行为对情绪确实是有积极影响的。

如果你经常因情绪方面的过当而备受煎熬，同时希望通过修炼来避免严重的负面影响，不妨从今天起为自己制订个计划，在早晨起床之后的半小时内安排三四件小而有益的活动，比如做广播操、背单词、听微课、练习字帖、演讲等。古人说的"修身养性"，对生活在现代的我们而言，依然值得采纳。

---

[1] 林力胜：《情绪控制能力和心脏的健康》，《心血管病防治知识（科普版）》2011年第13期，第36页。

第22讲 宜认可他人

在处理事务时我们需要高度的理性，但事情是人做出来的，许多事无法靠单打独斗完成，拥有良好的人际关系对事情的推动会有极大的帮助。但太过理性的人，因为更关注事情本身，所以常显得冷漠和缺乏情感，容易忽略他人的感受，进而形成一种性格过当，难以达成既定的目标。为了避免过度理性带来的麻烦，在人际交往中，我们需要学习如何让人对自己产生好感。

过于理性的人，如何增加自身的魅力呢？一个比较有效的方法是学会认可他人。

荀子说："与人善言，暖于布帛；伤人以言，深于矛戟。"人天生就渴望得到他人的赞扬与欣赏。适度的认可能促使他人进步，这一点恐怕不会引起太大的争议。一项针对全国共计12652名学生的两期调查研究显示，上一期班主任的批评越频繁，越会引起当期学生排名的退步；而上一期班主任的表扬越频繁，越会促进当期学生排名的显著提高。[1] 除此之外，适度的认可能让被认可者体察到他人对自己的关心与尊重，他们大概率会以更良好的态度去回应对方，从而有利于人与人之间沟通感情、缩短距离、密切关系。另外，经常认可别人能使自己心境开朗，对人生抱乐观、积极的态度，从而使自己更受欢迎。所以学会认可他人，确实能起到改善性格，以及改变自身与他人命运的效果。

一个值得采纳的方法叫"三颗糖夸人法"，即每天早上将三颗糖（或硬币、纽扣等）放在左口袋，每表扬一个人就将一颗糖转移到右口袋，确保一天内移完三颗糖。每次认可尽量不少于半分钟，而且最好是面对面地口头传达，而不是通过书面文字。

阿郎曾经是一个言行过度理性的人，他虽然事业上取得了很大成功，但在家里不受妻儿的喜欢，在单位里也难以让同事感受到温暖。在他看来，表扬是没有用的，甚至还会让别人翘尾巴，自己不需要认可，别人肯定也不需要。在认识到自己的性格过当后，他开始采用"三颗糖夸人法"，每天坚持表达对自己的家人和同事的认可，仅仅一个月后，他就变得更为自信，也更受欢迎了。

认可他人需要正确的方法，否则可能效果会适得其反。个别领导不习惯认可员工，当他们偶尔试图表扬员工时，常常显得生硬和不自然。比如："我们要向××学习，学习他的奋斗精神，学习他的工作态度，学习他的思想品质……"这种认可方式不但显得不真诚，而且容易破坏气氛。在认可他人时，需

---

[1] 姚东旻、崔孟奇、许艺煊等：《表扬与批评对学生学业表现的异质性影响——教师强化行为与学生自我归因》，《浙江大学学报（人文社会科学版）》2022年第12期，第88—103页。

要选择恰当的措辞和方式,以确保他人觉得表扬是真诚的,而不是敷衍的。

那么应该怎么表达认可才会比较有效呢?以下三个技巧可以重点掌握:

首先,多认可行为,少认可态度。

不是说态度就不能被表扬,而是相比之下,行为会显得更为具体,它既能让被认可者清楚地知道自己因为做了什么而获得认可,以起到巩固行为的目的,还能起到明确的标榜指向作用。

比如"我觉得小王做事认真仔细,态度一丝不苟,非常好!"这种认可就不太好,只是在泛泛而谈,没有具体的情境和行为,话说出去后,小王可能不明白自己被认可的具体原因,其他人也不知道该如何效仿。更好的表述应该是:"我看了小王的PPT,格式整齐,每一行的间距都经过精心调整,标点符号也没有一个用错的。所以我建议大家都看看,好好学习一下。"这种说法就比较具体,既能够让小王明白领导看重什么,也能够促进其他员工向小王学习。

其次,认可小而平凡的事情。

有人认为认可应等到他人取得显著成就时来表达才合适。其实,认可的范围不能撇开小而平凡的事情。小事才是要被特别关注的,对小事的认可会让对方知道,他们的每一个动作,哪怕再小,都不会被忽视,这对于提高自尊心和彼此的亲密度至关重要。

比如你在给孩子打扫房间时，随口说了句："宝啊，你的电脑桌面这么整齐啊！你肯定是认认真真地清理过了！"可以想象孩子听完这番话后心里是多么愉悦，因为父母注意到了自己小而平凡的细节，那么电脑桌面的整洁或许就会成为常态，亲子关系也会因此得到加强。

最后，多认可努力，少认可天赋。

努力是后天付出的，它代表依靠克服困难才能实现结果的过程；而天赋则是先天具备的，拥有天赋的人往往在获取结果上不太费力。虽然每个人都有自己的天赋，但后天的努力更应被关注和推崇。有研究表明，对孩子所取得的成就表达认可，可能比单纯表扬儿童的天赋更有效。[1]因为比起对过程和结果的认可，对其天赋进行认可会使学生在遭遇挫折时降低自我评价，最终产生消极行为。[2]而且这种赞美方式会在无形中引导学生进行稳定、内在、不可控的能力归因，让他们无法形成正确的自我认知。

一位朋友曾经向我分享过自己的感受。她说如果有人夸她热情、阳光、爱运动、表达能力强，她不会有任何激动的情绪，因为对她而言，这些特质是她从小就有的，被人看见理所应当。然而如果有人夸她拥有坚定的行动力、卓越的执行能力、独立的见解以及敏锐洞察问题的本领，她就会感到很开心，因为这些都是

---

[1] Kamins M. L., Dweck C. S., "Person versus process praise and criticim: Implications for contingent self-worth and coping.," *Developmental Psychology*, 1999, 35 (3): 835—847.

[2] Skipper Y., Douglas K., "Is no praise good praise? Effects of positive feedback on children's and university students' responses to subsequent failures", *British Journal of Educational Psychology*, 2012, 82 (2): 327—339.

她以往性格中缺少的，是她通过后天大量的努力才获得的优势。

我对此也有共鸣。培训结束后，时不时会有学员来向我表达认可。然而当他们称赞我讲话声音好听、大长腿时，我内心的被认可感并不强烈，因为我没有插手改造自己的基因，它本就出现在我身上。然而，当别人认可我的努力，比如大量的阅读、详尽的时间管理、丰富的教学视频素材等，我则会发自内心地感到开心。因为这些确实都是我通过不懈的努力逐渐培养与积累起来的，它们与我的天性并无直接关联，甚至个别还是相悖的。

所以如果我们在认可别人时，更多地采用这种策略，将认可集中在个人的努力和成长上，那么将会产生更为积极的影响。这不仅有助于鼓励他人不断进步，也能够使自己的性格过当得到大幅度的修正，进而为未来的命运带来不可限量的影响。

第 23 讲　宜摆脱感性束缚

上一讲我们针对过度理性提供了修炼的方法，这一讲我们要反过来，瞄准过度感性。感性的个体往往能够将自身情感投射到周遭环境里，所以很容易随着电影、电视剧的剧情而情绪起伏。这种能力在需要共情的场合通常会有卓越表现，这类人也愿意向他人积极地伸出援手，在言辞、行动或金钱上给予支持，所以他们在他人眼中往往会成为温暖、仁慈、博爱的化身。

但如果他们过于放大感性因素，就会形成过当，带来麻烦。比如当他们只关注主观情感体验而忽略客观事实时，会容易陷入情绪化。如果把关注点过多放在他人身上，容易无限度地牺牲个人利益，最终使自己困在多情、柔弱、妥协、纵容、胆怯、自我怀疑、逆来顺受等一系列问题之中。

在电视剧《重版出来！》中，有一个引人深思的情节。初出茅庐的新人漫画家大塚来编辑部诉苦，他因为深受网友负面评价的困扰而无法创作。尽管编辑曾屡次劝他远离网络，但他仍忍不住上网搜索。如果看到赞誉的言论，大塚就不胜欣喜，沉湎其中；一旦看到负面言论，比如说人物造型单调、情节设计陈旧、对作品能连载表示怀疑等,他便陷入自卑,丧失了继续创作的动力。

实际上,对漫画创作来说,漫画家的感性特质会增加作品的人情味,有助于作品与读者之间的情感流动,这本来是一种优势,但如果将这种优势发挥过头,过分关注网友的评价而损耗了自己创作的热情,便是过当了。

在团队中,领导如果做事过于感性也会带来麻烦。感性的领导通常极度关爱员工,常为全公司安排活动,在节假日给员工送小礼物,再离奇的请假理由都会准假,年轻人通常都很欣赏这样有人情味的领导。然而,一旦出现重大问题时,过于感性会影响领导的决断,进而使其做出不利于将来的决定。

譬如公司因经营不善需要裁员时,理性的老板会毫不留情,迅速按照绩效排序刷掉了一批人。但过于感性的老板常常心慈手软,因为他们能够共情员工失业的痛苦,很难下决心进行必要的人员裁减,于是他们开始坚守"同甘共苦,齐心协力,共克时艰"的信念。这看上去是一种能激励员工的策略,但也可能因此延缓问题的解决速度,反而导致公司最终土崩瓦解,员工抱怨不已,领导自己也蒙受了巨大损失。

感性的人若善用这种情感共鸣能力,可成为他人的心灵导师;若受制于这一能力,则只会使自己身陷两难境地。如何让自己在处理问题时理性一点呢?在此提供三种方法:

第一,找到好助手,借力解难。

当我们在日常生活和工作中需要做决策时,假使自己难以理性思考,不妨寻求理性优势比较突出的伙伴建言献策、协助处理。

以管教孩子为例，如果已经知道自己有过度感性的问题，容易被孩子的请求和撒娇动摇，不如自己适当回避，安排理性程度较高的亲人帮助管教，这样不仅能增强成效，还能减轻自己内心的负担。如果仍觉得对孩子过意不去，那就将感性用在达到目标后的抚慰工作上。

第二，找到支持者，激励前行。

感性人群因为相比客观事实更在意主观感受，所以他们很在意别人的评价。大塚深陷麻烦的原因就是他过分在意网友的负面评价。值得注意的是，正面评价对大塚也是有积极影响的。编辑如果觉得大塚实属可造之才，那么时不时地收集读者的积极评价，甚至录制鼓励性的视频，不断地为他点赞，可能大塚的积极性就会恢复。

我们需要提前准备一些快速便捷的"充电桩"，比如一个愿意认可你的朋友。当自己陷入类似的麻烦时，可以找朋友"充电"，借此恢复精神，淡化负面情绪的影响。

第三，找到利益动机，自我解脱。

实际上，当感性的个体处于冷静无压力的状态时，他们通常能够理性地权衡利弊，做出正确的决策。可惜，一旦情感波动起来，他们就容易陷入难以权衡的困境。此时，他们需要进行自我"洗脑"，以实际的利益来引导自己走出困境。

拿我自己来举例。尽管我热衷于到处培训讲课，却不太擅长销售课程，因为我会担心学员的体验不够好，甚至担心自己会被误认为是一个追求金钱的商人，这种担忧实际上就是感性因素在起作用。因此，我必须冷静而理性地告诉自己，销售课程不仅有助于改善团队的经济状况，从而有助于推广优质课程，使更多人受益，也有助于扩大自己的影响力，毕竟如今是知识付费时代……这种自我说服的动作一旦做得频繁，将利益动机摆得更鲜明，便容易摆脱感性困境了。

第 24 讲 宜立志履行

每逢新年，许多人常常会当众宣告自己的新年愿望，有时也会借着朋友圈或其他社交媒体来宣布新年目标，如戒酒、减肥、限制游戏时间、提升阅读质量、养成健身习惯、设定长跑总里程数目标等。然而遗憾的是，这种公开发布的决心很多在不到一个月的时间内便草草告终。有的人很快将自己立下的目标抛在脑后，有的人则在突然想起时偷偷删掉以往的发布记录。不过，这些并不妨碍他们在下一个新年来临之际再度宣告，继续公开那些未能实现的雄心壮志。

这一现象或许可以被戏称为"新年立志综合征"。抛开客观社会因素的影响而仅从性格角度分析，这一现象的出现往往基于多种性格过当，其中包括冲动、非理性、过于乐观、拖延等。之所以会出现立志易但执行难的问题，不外乎如下几个原因：

<u>第一，混淆了目标与愿望的概念。</u>

目标与愿望最大的不同是，目标是你可以通过自己的努力、脚踏实地、有计划地去实现的；而愿望却总有一些天方夜谭般的

浪漫色彩，容易寄希望于好运的眷顾或别人的帮助。比如说，你如果告诉自己"希望新的一年工作更顺利"，这种愿望固然是美好的，却没有任何现实意义。但如果你想的是"新的一年我希望谈妥至少三个百万以上的项目"，这种具体的目标也许能让你更积极地去行动。

第二，高估了自己的意志力。

定目标时很开心，甚至个别人还会把公开宣布新年目标当作一场表演，然而目标的实现是需要意志力的，在真正执行的过程中，我们还需要跟那些容易夺走注意力的诱惑频繁对抗。

第三，没考虑目标的可行性。

反正是趁着新年定个目标，那就索性大一点好了，反正有一年时间来执行！但现实却是目标越大，越让人难以迈出第一步。连第一步都没有，又怎么可能走到终点呢？

第四，说出来就等于做到了。

这是一种奇妙的心理现象。当我们感到内疚，认识到自己在某些方面碌碌无为时，自然会下定决心进行改变。在下定决心或制订计划后，自我感觉就会好很多。然而，这只是感觉而已，因为大脑有时并不能清晰区分计划和实际行动之间的区别。因此，在我们下定决心并设定目标后，大脑可能就会误以为我们已经采取了行动，从而减轻了实际行动的动力。因此，我们常常可以看到很多人买了大量的书却不读，购买了各种课程却不参加，办了健身卡却不使用。这恰恰是因为他们将这些计划和决心仅仅当作减轻目标压力的手段，而不是真正的行动。所以一些机构员工会利用这种心理现象鼓励大家办年卡，因为他们很清楚，大多数人坚持不下来。[1]

你可能会说，设定目标一段时间后如果没有实现目标，自己会感到焦虑和内疚，这种情感肯定会推动自己采取行动，不是吗？然而，心理学早早证明了这种方法的无效性。因为许多我们试图改变的习惯，例如吸烟、饮酒、拖延、玩游戏和赖床等，正是为了应对焦虑和内疚等压力而产生的。如果通过自责来增加更多的焦虑和压力，我们将采取什么样的方式来应对呢？很可能仍然会采用那些排解压力的行为："我怎么老玩游戏而不学习？我怎么这么差劲？这种感觉太让人难受了！算了，干脆再玩一盘，让心情好起来吧！"所以，寄希望于用内疚推动自己前进的做法，可别再考虑了！想要立志并实现目标，需要一些更靠谱的办法。

在这里，为大家提供三种具体的方法：

方法一：设定足够具体的目标

口号喊得再响亮，如果没有详细计划作为支持，那口号仍然

---

[1] 其中最典型的例子就是健身房。李笑来的《把时间当作朋友》一书中提到，统计数据显示，许多健身房的年费会员在购卡后不到两个月就不再坚持了，而这些人占会员总数的95%以上。即便那些坚持了两个月的会员，也不会每天都去。假设一个人按年付费4800元，到年底时只去了6次，那么每次的费用相当于800元。这时，他们决定不再花这些钱。因此，健身房的年费会员很少会在第二年续签合同，但销售人员通常不会因此感到担忧，因为总有源源不断的客户。另外5%的会员虽然每月去一两次，但通常不会在健身方面受益，因为他们的出现次数太少。然而，这些会员通常会在第二年续约，但第三年的续约率几乎为零。因此，长期坚持健身的人数不会超过总会员数的2%。健身房的主要客户实际上是那些购卡但不会去的人。健身房利用了客户冲动性消费的心理，还利用了人类自我欺骗的机制，即认为办了卡就等于在健身。尽管上海市推出了健身房购卡7天冷静期的政策，一定程度上抑制了冲动性消费的倾向，但大脑"办卡等于健身"的自我欺骗机制是很难改变的。

是空洞无物的。因此，在设定新年目标时，务必清晰地考虑如何实施计划。

例如，如果立下目标"新的一年要减少玩游戏的时间"，就需要测算过去一年每周玩游戏的次数、每次玩的时间以及每周总的游戏时间。然后再思考新一年的目标：平均每周玩游戏的时间是多少？达到这一目标的方式是减少每周游戏的次数，还是减少每次游戏的时长？是从一开始就尝试减少到目标值，还是逐渐递减？如果某次超过了时间或次数限制，应该如何自我惩罚？这些问题都需要详细考虑并记录下来，才有可能贯彻执行。

方法二：建立惩罚机制

成长通常需要付出代价，试图获得结果而不付出代价的"白嫖"行为通常是不现实的。因此，你可以选择与一群可信赖的朋友在公开场合宣布失败后的惩罚，这样拿自己的信誉做代价的方式极具激励作用，毕竟信誉在现代社会非常重要，丢失后想要重建真的很难。

例如，某位老板在朋友圈中宣布："如果一个月内无法减掉十斤体重，我将向自己团队的成员发放五万元的红包，请大家截图为证。"他附上了当前体重的照片，还邀请身边的同事做证。这位老板设定了一个经济方面的激励，以防止自己在吃饭时失控，因为每多吃一口都相当于损失了金钱。这种压力使他成功地减掉十斤体重，也让他获得了朋友们的赞誉。

方法三：从简单小目标开始

罗马不是一天建成的，一年有 365 天，足够我们慢慢实现目标。但走向终点不仅需要耐心，还需要有信心。如果一开始就急于求成，只会让自己顷刻间陷入疲劳；如果一开始就追求困难的大目标，失败的可能性就会增加，未来的积极性也可能减弱。因此，建立信心的关键是从容易实现的小目标开始。只要完成了简单的小目标，就可以自豪地说："我已经迈出了第一步！"不要担心别人的看法，毕竟这样的信心是非常宝贵的。

第 25 讲　宜打败拖延

拖延似乎是许多人在面对重大任务或挑战时所面临的困境。当他们需要着手行动时，往往会一次又一次地推迟开始的时间。从性格角度出发，这是一种明显的过当，因为这种习性容易导致目标无法实现，且呈现出来的精神面貌也容易给他人留下不好的印象，最终使自己陷入内疚。

有关调查显示，目前仅有 30.7% 的青年认为自己的时间利用非常高效，55.2% 的青年觉得自己的时间管理做得一般。他们觉得不合理利用时间的表现主要有懒散、不想做事（65.7%），拖拖拉拉、优柔寡断（61.1%）。[1]

2007 年，卡尔加里大学的心理学家皮尔斯·斯蒂尔通过研究[2]发现，拖延现象的产生原因很多，至少包括如下三个方面：

1　王品芝：《55.2% 受访青年感到自己时间管理做得一般》，《中国青年报》2022 年 6 月 9 日第 10 版。

2　简·博克、莱诺拉·袁：《拖延心理学》，蒋永强、陆正芳译，浙江教育出版社，2021。

第一，缺乏即时反馈机制。

即时反馈机制的优点在于它能够持续提醒自己，当前的行动具有价值和益处，从而激励自己持之以恒，而具有滞后性的成果奖励刺激力度偏低。

比如一个卖花女在街头叫卖，她知道只要卖出一朵花就能立刻获得报酬，这会刺激她不断兜售鲜花。然而如果强制改变她的支付方式，让她在卖出鲜花的半年后才能获得全部收入，这种有业绩却看不到进账的情况便容易使她的销售热情大幅下降，从而陷入拖延甚至懈怠的状态。许多人之所以有拖延症，原因与此类似。

第二，逃避挑战。

挑战难度太大的项目容易降低执行的斗志，需要强大意志力、一眼望不到希望的任务容易让人产生退却的念头。

例如，一个孩子做作业总是拖延，可能是因为作业对他而言太过繁重，以至于对完成作业缺乏信心，于是他就容易陷入对能力的自我怀疑："我居然解决不了这个问题，我真是太差劲了！"假如过去的他已经多次陷入这种状况，那么他的信心将更加缺失。因此，为了避免再次自我否定，他宁愿拖延做作业，以逃避挑战。

第三，逃避无趣。

在周遭诱惑太多的情况下，意志力需要对抗的敌人就会增多，以至于难以专注于当前枯燥无味的任务。随着时代的发展，我们身边已经有诸多唾手可得的娱乐选择：短视频、电子游戏、电影、小说、社交媒体……将这些与当前任务对比一下，任务瞬间会显得乏味无趣。因此，逃避无趣也成了拖延的原因之一。

有人说，把那些娱乐工具都锁起来，看不见不就好了？这个说法未免异想天开。大多数人不会跟网上的手工达人一样，造个"破釜沉舟跑步机"那样的东西来折磨自己，自己藏起来的诱惑，只要想玩还是能迅速找到它们。

对很多人来说，拖延是一个强大的敌人。在与它对抗时，自己好比坐在一辆过山车上，情绪随之起起落落，虽然自己想要事情有所进展，但是最终却不可避免地慢了下来，一连串内疚、自责的情绪波动又进一步阻碍了他们前进的步伐，最终形成死循环。

那么，如何摆脱拖延对自己的影响呢？在这里提供三个方法：

方法一：将"期待好处"转化为"经验好处"

我们都知道，晨跑可以让身体感到轻快，高效工作能带来成就感，健康饮食有益于身体健康，持续阅读有助于智力增长，每日进行演讲练习可以培养自信心……这些观念常常在我们的脑海中回荡，但你是否真正付诸实践了呢？许多人实际上只是嘴上说说，却从未去做。这就是所谓的"期待好处"，因为好处仅存在于理论中，在推动实际行动上很难起到理想效果。

与之形成鲜明对比的是"经验好处"。它源自自己过去的实际体验。比如你曾经去过新疆，就知道它究竟有多好玩；你曾经因为健身而获得过喜悦，就知道运动到底有多好；你曾经因为博士学位而在求职中受益，就知道知识的价值在哪里……这些体验都是你亲身经历过的，所以再有机会去新疆、去健身、去学习的时候，你就会有更大的动力。

想要提高执行力，就要将"期待好处"转化为"经验好处"。有这么一个例子，一个年轻人为了激励自己背英语单词，算了一笔账：如果他掌握了这20000个单词，将会获得4万美元的奖学金，并且可以确保连续4年不失业。假设汇率为7∶1，且他每年工资为2万美元，这些有形与无形的价值相当于人民币84万元。这意味着每个单词的价值约为42元。因此，这个年轻人兴奋到每天背50个单词，因为这实际上等于每天赚了2100元！[1]

这个案例生动地展示了如何将"期待好处"转化为"经验好处"。因为"掌握更多单词可带来更多更好的机会"的想法是虚的，仅仅存在于理论和想象中，自己从未真正体验，属于典型的"期待好处"，但"背一个单词就能赚42元"则是实实在在的"经验好处"，执行的动力自然就会增加不少。

方法二：迈出简单的第一步

许多老师在教导我们如何解答试卷时，会提出一个理念："先做容易的，再做困难的，遇到不会的，暂时跳过去。"这一思路在心理学上是解释得通的。比如从未有过阅读习惯但突然想要培养，最好不要一开始就阅读特别复杂和深奥的书，这会大大削弱自己的阅读热情，最终导致拖延，书也被搁置一边。这与玩游戏相似。如果一开始就被"BOSS"虐得体无完肤，甚至气到要

---

[1] 李笑来：《把时间当作朋友》，电子工业出版社，2023。

摔手柄，那还有什么意思呢？因此，考试要从简单的选择题开始做起，阅读要从薄而有趣的小说或漫画开始，玩游戏要从新手村刷小怪开始……无论任务如何，先完成简单的部分，建立信心后再挑战更高难度的任务，才是明智之举。

避免拖延的第一步是做拆分，首个任务最好是短小易行且能带来成就感的。

比如你要写一篇 5000 字的文章，这样的大任务赫然出现在面前当然容易让人退却。为了防止拖延，最好先完成一个 200 字的大纲，这符合小而有成就感的双重标准。当你心里想着"我已经有了整体框架，接下来只需要逐段填充内容"，那么抵触情绪就会减少，后续写作就会容易推进了。

方法三：找人一起做事

与他人合作，互相监督，也称为"平行式做事法"，就像婴儿的"平行式玩耍"一样，即他们虽然知道彼此的存在，但各玩各的，并不一起玩耍。许多实验已经证实，在被监督、被观察的情况下，人们的效率和表现反而可以得到保障。[1] 例如一群美国人为准备税务相关工作，每年 3 月都聚在一起，参加一个被称为"税务折磨"的会议：每个人都携带笔记本电脑和相关文件，然后坐在一张大桌子周围，互相激励，一边抱怨一边

---

1 典型的例子就是霍桑效应。据《中华护理学辞典》，霍桑效应（Hawthorne Effect）也称霍索恩效应，是指当人们知道自己成为观察对象时，会改变行为的倾向。霍桑效应源自 1927—1932 年埃尔顿·梅奥在美国西部电器公司的霍桑工厂进行的一系列心理学实验。该实验的初衷是探讨"不同照明度对工作表现的影响"，研究中意外发现早先所假设"照明度对绩效有影响"并非决定性，甚至关联性不大，反而是研究进行时各种实验处理对生产效率都有促进作用，后续研究证实受试者对于新的实验处理会产生正向反应，即行为的改变是由于环境改变（实验者的出现），而非由于实验干预。

工作。不知不觉间，他们就完成了工作。

因此，假如你已经知道自己常有拖延的过当，那么在执行重要且复杂的任务时，最好能找一个也有活儿要干的朋友一起。实在找不到人，你就逼自己去公共图书馆，在有人陪伴甚至监督的情况下，效率可能会大大提高。

第 26 讲　宜打破纠结

生活中我们常常面临类似的抉择：A 和 B，究竟该选哪个？在学生时代，为了在考试中取得高分，我们总结出一个做选择题的"原则"："三短一长选一长；三长一短选一短，实在不懂就选 C。"但在步入社会后，我们发现生活的选择远比试卷上的题目虚幻，而且没有标准答案，于是就很容易陷入纠结。

"纠结"一词，在近十年被赋予了新的含义，现在常被用来表述左右为难、犹豫不决的困惑混乱的心理状态，类似于选择困难症。虽然纠结这种特质的背后蕴含着追求完美、防范风险等优势，但过分纠结就会形成过当，不但影响办事效率，还让人内耗，长期纠结甚至会影响身体健康。中医认为，纠结这种情绪如果长期存在会严重扰乱气血，损伤经络，还会影响脏腑的正常工作。研究表明，经常纠结的人，颧部肌肉的活跃度越低，而这部分肌肉与微笑表情的控制有关，某种程度上也印证了纠结的负面性。

然而，并非所有人都有纠结的过当，因为这与性格有关。[1] 有如下四个特质的人群最容易陷入纠结：

第一，信心不足。

缺乏信心很大程度上源于对选项的相关信息掌握不足。对选择领域越陌生，对自己的决策就越缺乏信心。此外，有些人还会因为过去的失败抉择而影响如今的判断力，这种负面经验的累积会使其信心持续下降。

第二，逃避责任。

确切地讲，是不愿意承受错误选择带来的后果，更不愿意收拾烂摊子。需要进行选择的事项越重要，纠结和焦虑就会越严重。

第三，完美主义。

有些人在生活中极度追求完美，在面对选择的时候，总希望自己做出完美的选择，结果必须按照设想的方向发展，不得有任何差错和瑕疵。因此，需要做出选择时，他们总是左思右想，陷入选择困难。

第四，不懂取舍。

有些选择确实是鱼和熊掌不可兼得，但有些人明知如此，却

---

[1] 古人认为与五行有关。如《黄帝内经》言："木行之人……劳心……多忧劳于事。""火行之人……少信，多虑。"即木行和火行这两种多忧多虑体质的人更容易"纠结"。《黄帝内经》另有言："心小……易伤以忧；心大则忧不能伤""五脏皆小者……苦燋心，大愁忧；五脏皆大者……难使以忧。"

不甘心放弃任何好处，由此导致了选择困难。

当这些人陷入纠结，最常见的做法是寻求他人的指导与帮助。我曾有过这样一个大学校友，他本科毕业后步入房地产行业，在一家著名的房地产企业工作，每月薪资可观，生活可谓称心如意。但他逐渐发现，自己之所以进入房地产行业，实际上是为了收入，而非出于内心热爱，他真正的兴趣在教育领域。然而，在他向家人表达了想转行的想法后，遭到了强烈的反对。家人觉得他若放弃眼下已拥有的幸福生活，实在不算理智，还会给家庭带来风险。于是他陷入困惑，不知道是该追求兴趣还是保持现状，便跑来问我的建议。

他的行为其实暗含着一个小心思，就是他试图推卸责任，将压力外推，将原本应由自己承担的"考试"交给了我这个"替考者"。虽然要感激他对我的信任，愿意在面临重大决策时向我求助，但无论如何，没有人能够完全代替他人思考，我也无法全面了解到他决策背后的所有客观因素。即使他试图向我传达所有的主观和客观信息，也难以百分之百地表述清楚。归根结底，决策最终应由他自己来做。

玩过大型角色扮演游戏的朋友应该清楚，在游戏中做出选择的成本相对较低，因为游戏可以存档。但类似《魂斗罗》那样无法存档的游戏则不同，你必须为每一次选择承担后果，一旦犯错就得从头再来，之前的努力都会付诸东流。即便如此，游戏仍比现实生活容易，因为你可以带着失败的教训重新尝试，直到成功。可在现实生活中，一旦做出错误的选择，就再也没有机会回到最初做决定的那一刻。机器猫的时光机、科幻电影中的时空穿梭装置，以及当今的穿越题材影片之所以受欢迎，正是因为它们戳中了人们的痛点。

那么，如何帮助自己在纠结时做出决策，以获得最佳结果呢？在此介绍一种心理咨询师常用的方法——四宫格法。具体来说，就是取一张足够大的白纸，然后将画面均分成四个区域。接着，将这四个区域分别定义为"选项A的好处""选项A的坏处""选项B的好处""选项B的坏处"，并在每个区域内填写足够多且具体的条目。

以前文的大学校友为例，他面临的选择是：保持现状（选项A）或转行（选项B）。那么他的四宫格将如图7所示：

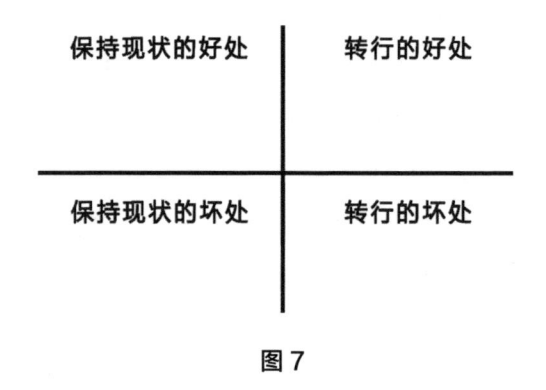

保持现状的好处	转行的好处
保持现状的坏处	转行的坏处

图 7

在左上角的格子里，他可以填写如下信息：能够获得可观的收入，不必为经济问题担忧；工作相对稳定，无失业风险，安心感较强；家人在身边，方便相互照顾；拥有周末，即使工作辛苦也有时间休息。

这些内容的填写要尽可能具体，包括客观事实和对个人（尤其是心理上）的长期影响。因为我们正在做艰难的选择，所有客观事实都需要综合考虑。此外还要注意，在填写这些条目时需要进行长时间的思考，切不可草草了之。建议大家每个区域至少列出十条，以确保自己思考充分。

有些朋友可能会感到惊讶，觉得难以列出如此多的内容。然而在现实生活中，每个决策都可能对工作、感情、生活和个人状态等多方面产生连锁影响，尤其是在面临涉及未来人生的重大抉择时。综合考虑得越全面，越有可能做出最符合自己利益的决策。

四宫格法的原理在于，容易纠结的人通常在性格上更加感性，他们会在此时深陷焦虑情绪，无法冷静下来思考各个选项的利与弊。运用四宫格法，不但可以使他们重获理性，还能使其在未来受到别人质疑时变得有理有据，能够从容不迫地回答。当展现坚定的态度，对方就不太可能再质疑你的选择，甚至可能反过来支持你的决定，成为你的帮手。

一个更加有效的决策方式是，在四宫格法的基础上使用"加权法"。因为列出的各种利弊并不是同等重要的。比如，对一个非常注重家庭的人来说，放弃工作给家庭带来的负面影响较大，而对兴趣爱好的负面影响较小。因此，可以对列出的各项理由进行加权评估。影响最大的条目可以打上五颗星，存在影响但影响不大的条目可以打上一颗星，剩余条目的权重便在一颗星与五颗星之间选择，然后在四个区域内统计总星数，这将更有助于你做出正确的决策。

第 27 讲 宜培养悲观思维

积极心理学强调，乐观是一种积极的性格特质，其核心是个人对未来事件的积极期待，相信事件会趋向好的结果。乐观作为一种稳定的性格特质，能有效缓冲抑郁所带来的影响，并积极发挥保护个体的功能。[1] 能够时常展现积极乐观面貌的人，也很容易感染身边的亲友，减少他们内心的压力。

我姥爷年轻时有次做农活，不小心从房顶上摔下来，把腿摔骨折了。周围的人都很担心，俗话说"伤筋动骨一百天"，人会非常难受。但姥爷非常开心地说："我觉得这次摔有三个好：第一个好，是摔的时间好，因为刚把粮食收完要过冬了，正好是一年中最不忙的时候，少我一个壮劳力也没事，要是换其他时候就麻烦了；第二个好，是摔的人好，因为摔的是我而不是别人，我是个年轻小伙，摔了很快就能好，如果摔了老人和孩子，那就真的麻烦大了；第三个好，是摔的位置好，因为摔的是腿，充其量是走路不方便，但手没事，我还能继续干活，看书写字也不耽

---

[1] Scheier, M.F., Carver, C.S., "Optimism, coping, and health: Assessment and implications of generalized outcome expectancies", *Health Psychology*, 1985, 4(3): 219—247.

误,万一摔的是手、腰、头,那就不好办了。所以有这三个好,你们还有什么好担心的?"有他这番话,大家都放心了。

这就是乐观的好处,不但能让你积极地看待所有的麻烦和问题,也能够让你以这种积极的心态影响别人,这在亲密关系和团队协作中尤其重要。

然而,正如本书开篇所讲,任何性格特质都不能过头,否则就成了过当。事实上,过度乐观也会带来麻烦,它会使人忽略潜在的危险,减少谨慎的准备工作,逃避现实的压力,甚至完全不做预案,最终导致失败。

我曾为一款知名手游的80名职业选手提供培训。这些年轻人着实令人羡慕,虽然其中大多数只有小学或初中学历,但他们却凭借精湛的技术轻松年入百万,积累了无数粉丝,个别极度优秀的选手还参加了世界性的赛事,为国争光。

然而工作人员在闲聊时向我透露,虽然这些年轻人的确抓住了游戏产业的黄金时期,公司每年投入重金支持他们,但他们脚下的道路并非坦途,未来或将更为崎岖。因为在公司看来,大多数"孩子"一点忧患意识都没有。

这些"孩子"对公司安排的培训几乎都没有积极性,只会在下面刷手机看短视频,如果手机被要求上交,那么在上课时趴在桌子上睡觉便是常见的现象。指望他们自己看书提高认知更是不可能,他们的业余爱好也少,连热门的电影动漫都不了解,生活单调又无趣。由于缺乏教育,很多"孩子"在言辞上常常令领导不悦,偶尔还会做出令人困扰的荒谬举动。他们对外界的竞争压力完全不了解,总以为自己现在很好,将来也会好,哪怕将来不好，那也是将来的事，用不着现在操心。但职业选手的在役时间就那么长，大多数职业选手退役后就立刻变回一个只会打游戏的年轻人，这些人再就业后不仅获得的报酬不高，去向也很不明朗。[1]

许多人在年轻时容易放纵自己，选择"先甜后苦"式生活，尽情地享受当下，并对未来充满着盲目的乐观，以至于忽视了一切潜在的风险。当受到现实的残酷洗礼，"债主"不断上门，他们才逐渐发现当初所谓的乐观只不过是一种自欺欺人的手段，是逃避困难的一种掩饰，同时渐渐认识到悲观思维也是必不可少的。

相比于乐观，悲观乍听之下会被人误以为是错误的、有问题的性格特质，甚至会被人讨厌。你坐飞机出门旅游，他说前段时间有飞机坠毁了；你借钱给好朋友救急，他说方便的网贷不借，偏偏来借你的，肯定有问题；你打算开个快餐店，他说万一把人吃坏了怎么办……而等到他们遇到问题时，整天唉声叹气、要死要活，很是影响你的心情。这些都属于过当的范畴。事实上，适度的悲观是有益的，甚至是被推崇的。许多哲学家，例如康德，都是推崇悲观思维的代表，因为他们的研究范围通常涉及宇宙和世界的衰败和毁灭，这不可避免地导致了悲观思维。悲观本质上是一种远见，能够帮助人预见未来，未雨绸缪，防止坏事的发生。

2008年，美国金融危机爆发。但在它爆发之前，一些持悲观思维的投资者已经有所察觉，迅速采取了行动，降低了自身的风险。虽然他们可能错失了一些短期投资机会，甚至受到其他人的

---

[1] 陈晨、尹兆友、师嘉俊：《我国电子竞技选手的退役及再就业问题研究》，《当代体育科技》2019年第14期，第223—224、227页。

嘲讽,但最终他们避免了在危机中遭受更大的损失。相对于那些盲目乐观的人,他们取得了更为出色的成绩。

这并非在否定乐观的精神,毕竟乐观是一种具备自我激励力量的情感方式,其效果取决于如何灵活应用以及实现何种目标。重要的是,我们要在保持乐观的同时,适度培养悲观思维。因为越是变幻莫测的时代,越需要主动使自己"吃点苦",努力不一定能让未来更好,但至少能在一定程度上防范未来的不测。在选择轻松与快乐的同时,更要深思自己是否在拖延面对困难的时间,否则便与追求短暂享乐的"贷款"无异。

选择简单和快乐,逃避困难和痛苦,虽然在某些情况下可能是一种自然倾向,也是人类生存的本能,但这种思维方式在现代社会并不一定有效。有时候,我们必须勇敢地逆着天性,主动选择那看似更为艰辛的道路,才有机会品尝未来的甜蜜。

第28讲 宜跳出自证陷阱

关于逆袭的影视作品是观众心中的"香饽饽"。这些故事常常遵循一个基本框架：主角的起点很低，但内心怀着梦想。然而，通往梦想的道路总是充满坎坷，伴随着质疑与嘲笑，甚至还可能存在宿敌。为了给后续的逆袭做铺垫，同时彰显主角逆袭的可贵，这些否定的声音要被设计得足够响亮，宿敌也必须被刻画得足够有力量。这样的例子，从《圣斗士星矢》《灌篮高手》这样的动画片，到《热辣滚烫》《武状元苏乞儿》这样的电影，再到《士兵突击》这样的电视剧，可谓不胜枚举。

理论上，观众对这样的故事模式已经习以为常，但从人性的角度来看，只要逆袭故事不差，总有人愿意聆听并继续追随。为何如此？因为观众会不由自主地代入那些被周遭否定的主角，当逆袭来临时，没有人能抵挡得住那种现实生活中原本不可能实现的梦想突然实现的快感，由此影视剧中的逆袭便成为观众一种替代性的心理满足和释放，于是，逆袭的故事便一遍遍新瓶装旧酒地出现在各种作品中。

如前文所讲，在意他人的评价是感性人群的典型特质，接受他人的建议也有助于自我提升，然而在遭受他人否定的时候，一定要通过逆袭的方式来自我证明吗？

领导力发展咨询公司的高管杰克·曾格和约瑟夫·福克曼曾经对7000人进行调查，发现有8.3%的人在遭受他人否定时会有强烈的自我证明倾向。这些人在面对批评意见时，会出现抵触情绪，且一心想证明自己并非他人所想的那样，而且证明来得越快越好。[1]

失败会让人感到害怕，被否定也会让人难以接受，但相比之下更麻烦的，是因为别人的否定而轻易转向，放弃原本想要实现的目标，这就是过分在意他人评价而形成的性格过当了。对于拥有此类性格过当的朋友，需要谨记以下三点：

首先，他人的否定并不一定是真正的否定。

将他人的否定过度放大为对自己的不认可，实际上是将自己束缚于盲目的心态中。因为很多时候，并不是他人在故意否定我们，而是我们因为自尊心太强而过于自以为是，认为他人没有关注自己，感到自己受了冷落。

2014年，我拿到《超级演说家》第二季的全国第四名。赛后看到媒体和观众把获得前三名的选手围得水泄不通，而自己身边空无一人时，我的内心是极度复杂的，甚至在某些瞬间我还曾责怪那些人太势利，在刻意否定我。事后冷静下来一想，这其实是人性的基本规律，大家只是时间与精力有限，所以才更关注排名

---

[1] 吴海:《为什么说总想着"证明自己"，就别指望"自我提升"》,《互联网周刊》2016年第9期，第20页。

靠前的人罢了，并非在故意否定我。况且赛后很长一段时间，很多观众仍然在念及我的演讲，这难道还不够吗？

归根结底，许多我们自以为的否定并非真的否定，其实只是受伤的心灵在作祟，太把自己当回事，觉得人家没关注自己，抹不开面子。我们真正需要战胜的，是自己的虚荣心，并非他人。

其次，即便他人所说是事实，也无须执意证明。

他人的否定可能会让我们感到丢脸，迫使我们想要证明自己，但在情绪驱使下往往会有冲动行为。当情绪战胜理智时，逆袭的最终价值和意义可能会变得模糊不清。

在小说《城北地带》中，李达生因为频繁做噩梦而归咎于外面的野猫，于是扼死了一只，并将它扔进河里。这一幕恰巧被邻居红海目睹。红海曾是那个街区的痞子，他嘲笑达生："真是笑死了，香椿树街的男孩一代不如一代，一点本事都没有，都是软弱和胆小。大家都说李达生有前途，结果这李达生只会杀猫！"李达生听后愤怒不已，对红海宣称："谁是好汉，我们半年见分晓。"李达生为了证明自己，和他人约好在煤场上决战。在没有人愿意同去的情况下，李达生孤身赴战，仿佛孤胆英雄一般，然而无处挥洒的激情和自我证明的执念，最终让他走向死亡的结局。

这种为了自我证明而不计一切代价的行为，真的值得吗？实际上无论是涉及生死的重大问题，还是生活琐事，许多否定并不需要被强行证明。比如你在饭桌上被人说酒量不行，就真的需要为了证明自己的能力，拿起一瓶酒猛灌吗？这样的努力最终只会损害你自己的健康。同样，如果有人认为你不敢开快车，就真的需要踩下油门，在公路上冒着危险飙车来证明自己的胆量吗？这种行为很可能会导致严重的交通事故。这些自我证明的行为，都是不划算也不理智的冲动之举。

最后，即使真的证明了，他人也不一定低头。

假设你过去被他人否定，觉得自己丢了脸，于是你努力进取，最终换来了今日的成功。你或许特别想以耀武扬威的姿态出现，找回失去的尊严。但当初否定你的那些人是否真的愿意承认自己的错误呢？或许他们只会说："要不是当初我啐你一口，推你一把，你小子也不一定能有今天。照这个道理，你有今天的成绩，还得谢谢我呢！"听到这种话，你又该做何回应？

现实生活中，因受他人言论刺激而伤害自己的事件时有发生。很多时候，那些宣称要自杀的人虽遇到了难以克服的困境，但并不一定真的想结束生命。多数情况下，他们更渴望得到他人的理解、关心和帮助，或者希望通过这种方式获得某种回应。不幸的是，有些人最终还是选择了死亡。这并不是因为周围的人没有试图安抚和拯救他们，而是因为某些旁观者存在看热闹的心态，不顾后果地嘲笑他们。当站在高台上试图跳下去的人再一次遭到否定，他会希望以某种方式来证明自己。然而，证明了又能如何呢？自己跳下去，那些旁观者只会发出唏嘘声，然后继续过自己的生活，很难指望他们对这条生命承担责任。

命运应该掌握在自己手中，不能因为过度在意别人的否定而冲动地牺牲自己未来的幸福，更不应该为了他人的认可而生活，因为人活着不是为了取悦他人。真正逆袭的人，都是不会过分在意别人评价的，他们可以坦然承认自己某些方面的不足，承认自己可能不适合某些领域，但他们会坚定地走自己的路。证明的目的不是为了向他人展示什么，而是为了让未来的自己看到，曾经的选择是正确的，这也是自证的真正价值所在！

第29讲 宜自嘲

我身边有一个姑娘，花一万块钱拍了组美美的婚纱写真。拿到照片后，姑娘第一时间发了朋友圈，并配上一段文案："我知道，爱我的人肯定在来找我的路上，或许他就在眼前的大海上，划着船向我驶来，所以我会打扮得美美的，穿着婚纱在这里一直等他来到我身边。"亲友们纷纷留言点赞，她也特别开心。但突然一个信息提示弹出来，某男生冷冷地留了一句话："美不美不是关键，你得先减肥。"

姑娘看到后非常生气，觉得对方恶言讥讽，实为人品败坏。于是她不再关注那些赞美的留言，直接把男生拉进黑名单，决定从此与他不相往来。即便这样，当晚她依旧没有睡着，幻想对方下雨被雷劈等场景，以解心头之恨。对她而言，一万块拍的美照却换来这顿气受，对方绝对是罪魁祸首！

这就是心理学中著名的"批评者算式"的体现：1条侮辱+1000条赞美=1条侮辱。看似是加法，实际上却是一种减法，它会抹去赞美、幸福和快乐。[1]性格中比较感性、在乎他人评价的人，很容易受到该算式的影响，进而使自己陷入情绪化、过度悲观、自我证明等多种过当。

电视剧《我爱我家》中，贾志国和老友聚会，发现曾经给电影院画广告牌的老二成了著名画家，被载入《环球》名人录，作品将在香港拍卖；老三成了著名书法家，作品也被市场炒出了高价。这让他感到颜面扫地。受到刺激的贾志国竟然放弃了政府机关工作，全身心投入艺术创作，希望在艺术这条路上实现弯道超车。结果却让人嘲笑不已：挥毫泼墨妄图成为大画家，结果画作送人当厕纸都没人要；挖了院子里的树根开始搞根雕，妄图成为大艺术家，却被居委会大妈以"破坏公物"为由追着打；在厨房耍起锅碗瓢盆做大包子，妄图成为大美食家，结果被邻居以为是一种报复，认为贾志国想用难吃的东西来毒死自己……不到三天时间，贾志国便心灰意冷地重回单位工作，变化之快令人发笑又让人感到悲哀。

我们可以说拍写真的姑娘的做法毫无必要，也可以说贾志国犯了愚蠢的错误，但你是否敢断言自己永远不会受他人负面评价的影响呢？

"批评者算式"不仅告诉我们赞美在负面评价面前有多么无力，还告诉我们人的想法并不会因为你的成功而消失。如果你此刻的想法是"只要我升了职或干成了一笔大买卖，就不会那么介意批评者的看法了"，那你可就错了！如果你以为"等拥有百万

---

[1] 罗纳德·B.阿德勒、拉塞尔·F.普罗科特：《沟通的艺术：看入人里，看出人外（插图修订第14版）》，世界图书出版公司，2015。

粉丝后，就不会再为现在的十个黑粉而苦恼了"，你还是想错了！就算赞美的声音越来越多，只要你的性格不变，你的应对措施不变，你仍然会为批评而感到困扰。

在负面评价面前该如何化解尴尬，让自己没那么难受呢？

一个比较好用的方法是自嘲。自嘲，是一种常见的幽默类型，即自己拿自己开玩笑，以达到交际的目的。从处世策略方面看，是以退为进，以屈求伸；从言语策略方面看，是言在此而意彼，表面上是嘲笑自己，否定自己，实际上是保护自己，维护自己的利益。有人说中国人是缺乏幽默感的。从某种程度上说，这话不无道理。相比之下，中国人的自我约束感很强，顾虑太多，与人交往中更希望展示完美自我，难以自嘲。然而，自嘲其实有很多好处。这种对自己的攻击，可以减轻或免受他人攻击可能带来的更大的痛苦，也可以掩饰现实与理想落差可能带来的悲伤、失望、孤独、后悔等情绪，在表面上维护了理想自我，实际上反而是可以提升自尊的做法。[1]

英国作家杰斯塔东是个大胖子。有一次他外出乘车，被人抱怨他体积过大，杰斯塔东便自嘲道："我是个比别人亲切三倍的男人，每当我在公共汽车上让座时，足以让三位女士坐下。"他的这种自嘲不但缓解了尴尬，还展示了自信。

我有一个朋友是程序员，由于每天长时间盯着电脑屏幕工作，他的头发严重脱落，发际线逐渐后退。刚开始，他并未注意到这一点，但他回老家过年时，在同学聚会上，老友们纷纷关切

---

[1] 黄翠华：《自嘲式幽默产生的心理学原理探究》，《齐齐哈尔师范高等专科学校学报》2015年第6期，第96—97页。

地询问:"你的发际线怎么后退了这么多啊?"他听后内心感到异常不安,觉得丢了脸面。从那时起,不论遇到谁,他都会下意识地担心对方是否在注意他的发际线。

在知晓了自嘲的奥秘后,我的这位朋友立刻开始了尝试。在与同事共进晚餐聊到发际线的话题时,他不再回避,而是积极应对:"我的发际线后退得相当厉害,再过几年可能会变成火云邪神!大家都要小心哟,听说这个是会传染的!女生们特别要注意,可能会变成裘千尺!"他的自嘲引发了同事们的欢笑,令他意识到自己并不那么敏感,同事们也开始积极向他推荐一些养发、生发的方法,彼此的关系更融洽了。

当我们在生活中遭到他人的负面评价时,不妨尝试自嘲一下,你会发现,许多人会因为这种积极的态度而对你改观。实际上,认可你的人可能远多于那些给出负面评价的人,只是你可能并不知道而已。

自嘲虽然好用,但自嘲过头就成了自贬,它是精神上的自残。可以拿自己开玩笑,但不可以拿自己不当回事。一个连自己都瞧不起的人,也就别奢望被别人瞧得起了。所以自嘲不自贬的意思是,暴露自己的同时,也保留一份尊严。

第30讲 宜用爱包裹

一个人的性格特质，一部分是与生俱来的，另一部分是受后天环境影响而形成的。譬如某个孩子天生主见很强，可父母却有强势与苛责的过当，孩子长大后可能变得畏首畏尾，毫无主见；一个原本对家人有很强依赖性的"小公主"，因为独自在国外读书，三年内就变成了一个敢于面对任何困难的独立女性；某个年轻人天性热爱表达，乐于分享，可他却阴差阳错地在一个需要严格保密的工作岗位上任职，最终变得沉默寡言。

如果后天的环境能够帮助自己修炼出天性中不具备的优势，又或者能帮助自己规避天性中的性格过当，那自然是绝好的，这样的环境可以促进一个人不断完善自我，使其最终成为社交场上的宠儿。然而，如果后天环境的负面影响力太大，逼着一个人朝不情愿的方向发展且让人无法脱身，那就会产生许多性格过当，甚至因此带来不幸。

《狮子王》是一部家喻户晓的迪士尼动画电影，它曾在20世纪90年代掀起全球观影热潮。其实，这个类似《哈姆雷特》的故事中隐藏着一些悲剧色彩。

刀疤作为害死木法沙并篡位的凶手，在剧中常常被视为一个天生的坏人，因此它最终殒命似乎顺理成章，大快人心。然而真相是，刀疤年轻时眼睛受了伤，遭受了同族群其他狮子的排挤，其中包括它的兄弟木法沙。从性格角度分析，刀疤后来的冷酷无情其实是同伴们漠视和歧视的产物。如果刀疤在年轻时能够得到足够的关爱和支持，或许内心就不会变得如此阴暗，也不会走向如此悲惨的结局。

遭到同伴歧视的还有辛巴的小伙伴彭彭和丁满。它们从一开始就自称为"outcast"（被排斥者、被抛弃者），并在言语中透露了它们的悲剧：因为天生的缺陷而频繁遭受族群的歧视和冷落。它们不得不黯然离群，寻求新生。与电影不同的是，在小说中，它们与一些小动物生活在一起，其中包括一只象鼩、一只蜜獾、一只灌丛婴猴和一只屎壳郎。这些小动物因为长相有缺陷、速度较慢、体形较小、性格紧张或焦虑，而成为族群中的异类，都是因遭受歧视而被撵出族群的"outcast"。这个小群体看似无拘无束，实际上却像是一个孤儿院。从某种角度来讲，它们很多时候呈现出来的积极乐观，更像是逃避现实后的强颜欢笑，骨子里依然是自卑、弱小的，缺乏面对外部困难的勇气和信心，假使没有辛巴的介入，它们可能会就这么逃避一辈子。

因为无力对抗周遭冷漠与歧视的环境，这些"outcast"被迫形成了性格过当。大多数童话世界的人物都非黑即白，但在现实生活中，事情通常并不是这样。美与丑、善与恶并非一成不变，它们在一定条件下可以相互转化，性格也是如此。因此，我们不能仅仅因为对方的一时过当而对整个人下定义，也不能将有过当的人一棒子打死，相反，我们应该尝试去理解，对方可能经历了我们无法想象的艰难，导致他成了今天这个样子。

我曾接过一个婚姻咨询案例，张女士想与丈夫离婚。她最初愿意嫁给他，只是因为他在大学里当老师，工作稳定，虽然他不懂人情世故，但看上去老实本分。再加上她的前几任交往对象都很"渣"，所以她毫不犹豫地嫁给了现在的丈夫。婚后她才发现，丈夫不仅生活能力差，而且情商极低，对人冷漠，也从不送礼物给她。见到如此多的性格过当，她感到非常后悔，甚至在公司年会上借醉意向同事表示，如果不是怀孕了，自己肯定会与这个"废物"离婚。

后来，我与张女士的丈夫做了沟通，挖掘出了许多背后的故事。小学时的他原本非常开朗，是学校的文艺骨干，但自从进入中学，父母就对他的学习施以高压，希望他能在六年后考上北大或清华。他的妈妈甚至辞去工作，白天负责做饭，晚上监督他完成作业。每次考试后都要召开家庭会议，父母会仔细分析他的每个错误，讨论如何避免再犯相同的错误。这种高压的家庭氛围让他无可奈何，却又无法逃离。

这六年的时间里，他逐渐成了一个只会考试的机器。他在考试中屡获高分，却几乎不与同学交往，除了老师认为他是"天才"外，其他同学都视他为"书呆子"。然而，他高考失利，未能考入北大或清华，让他的父母非常失望。尽管他顺利完成了大学学业，且获得了清华的博士学位，但他已习惯了父母的控制，被塑造成一个提线木偶。而他性格中的过当，统统在婚姻中暴露了出来。

这是一个性格被高度压抑的案例。我对来访的张女士说：

"有句话叫'可怜之人必有可恨之处',但其实'可恨之人往往也有可怜之处',你的丈夫只是'病'了而已,绝非天性如此。如果你一直抱怨他的种种问题,只会让自己陷入过当,进而导致他继续恶化。倒不如跟他一起正视过去的悲剧,尝试帮助他找回正常的状态,用你的积极状态,换回他当初的样子。"

人与人之间是可以相互影响的,如果性格过当是被迫造成的,放下成见,用爱来包裹对方,在帮助对方克服过当的同时,其实也开启了一段属于自己的修炼之旅。

电影《小丑》的男主角亚瑟患有神经失调症,偶尔会不受控制地大笑。他原本是一个敬业、开朗、充满爱心的小丑扮演者,却因为这种症状而接连遭受生活的残酷打击。他被小混混欺负,被老板无情解雇,在地铁上受到暴力袭击,被同事冷漠对待,邻居不善待他,脱口秀节目主持人当众嘲笑他,甚至连心理咨询师都不愿倾听他内心的痛苦。他患病的真相是生父抛弃了他和他的母亲,且拒绝承认亲子关系。在生父虐待他时,母亲选择听之任之,在一旁无动于衷。亚瑟对这一切感到绝望,最终他杀死了自己的母亲,报复了所有欺负过他的人,彻底成了一个恶魔。

要深刻理解《小丑》,最好与另一部电影《奇迹男孩》对比着看。与《小丑》中的亚瑟一样,《奇迹男孩》的主人公奥吉也有缺陷,因为面部丑陋,他不敢外出,甚至无法像正常孩子一样上学。然而在成长过程中,他得到了父母的鼓励、姐姐的陪伴、朋友的友情、老师的认可,校长也称赞他是一个值得他人学习的好学生。最终,奥吉能够自信地面对周围的人,并像正常人一样乐观地学习和生活。

对比这两部电影，我们可以发现，尽管两位主人公都有着身体残缺，但他们最终的命运截然不同。这种差异的根本原因，在于他们所处的环境不同，他人的言行深刻地影响了主人公的性格。

亚瑟被置身于充满冷漠和厌弃的环境中，这种恶劣的生活环境让他在成长过程中感受到了无情和忽视，相应地，他养成了防卫心理，变得冷漠、孤独和不信任他人。他是存在大量性格过当的环境滋生的产物，自然浑身也充满了过当。

奥吉则身处一个充满爱与鼓励的环境。在这种温暖的氛围下，他得到了理解、关心和支持，这帮助他建立了自尊心和积极的自我价值感，还帮助他培养了信心和乐观的精神，最终使他蓬勃发展，克服困难，成为一个积极向上、散发着正能量的个体。

亲密关系的走向很大程度上取决于我们在构建彼此相处环境中所付出的努力。如果我们肯主动为对方创造一个充满理解、关怀、陪伴和爱的环境，可能就会见证像"奇迹男孩"那样的奇迹；如果我们选择对对方采取冷漠、鄙视甚至放弃的态度，那么恐怕我们也将成为"小丑"的制造者。

第31讲 宜释放

童年创伤最早是由文森特·费利蒂与团队在20世纪80年代进行针对肥胖治疗的研究中发现的。研究者注意到许多未能成功治疗的个案有一个共同点，那就是患者都有一些不良的童年经历。这一发现引发了童年创伤对成人健康影响的深入研究。后来的研究表明，童年创伤不仅仅指身体上的创伤，更重要的是精神上的创伤。

研究者总结出了一些特定类型的童年创伤，这些经历会对一个人的成年生活产生长期而深远的影响，其中包括长期遭受父母的责骂和羞辱，在学校受到欺凌，长期生活在争吵的家庭环境中，父母分居或离婚，至亲之人亡故，与酗酒或吸毒者长期共处，与情绪负面或企图自杀的人长期共处，目睹所爱之人遭受虐待，等等。[1] 而童年创伤的问卷得分越高，其对个人未来产生的负面影响就越大。例如，与得分为0的人相比，得分≥4的人患上慢性阻塞性肺病的相对风险是前者的2.5倍，患上肝炎的风险是其2.5倍，

---

[1] 宫翠风、王惠萍、尉秀峰等：《童年期创伤性经历与青少年抑郁症的关系》，《中国健康心理学杂志》2016年第7期，第1076—1079页。

患上抑郁症的风险是其 4.5 倍，自杀风险则高达 12 倍！如果得分 ≥ 7，那么患上肺癌的风险会增加 3 倍，冠心病的风险增加 3.5 倍。[1] 更令人担忧的是，这些倍数将会终身不变。

这些数据所传达的信息是，经历多次童年创伤的儿童在成年后不仅身体容易出现问题，还更容易受到焦虑、抑郁等负面情绪的折磨。这会导致他们在学习和工作方面表现不如他人，在成年后的人际交往和亲密关系中也会频繁遇到问题。一旦他们有了子女，这种不稳定的情感可能还会传递给下一代。

为什么童年创伤会对人产生如此多的负面影响呢？一个很重要的原因就在于激素。

你或许听说过这样的新闻：某位母亲在危急情况下，毅然决然地举起沉重的物体救出被压住的孩子；某位登山者在熊的袭击下，奇迹般地将其击退，英勇如武松；某位市民见到一儿童从高楼坠落，毫不犹豫地冲上前将其接住，承受住了巨大的瞬间冲击力……为什么这些人在紧急时刻能够爆发出超常的力量呢？功臣之一就是激素。当我们面临危险时，不论是出于自身的生存本能还是对他人的拯救意愿，大脑会立刻向垂体发信号："释放激素！"激素被释放后，我们的心脏开始剧烈跳动，瞳孔扩大，呼吸急促，于是那股平时潜藏的力量便奔涌而出，那一刻，我们做出了让自己都难以置信的举动。而随着事后激素逐渐被稀释，我们又恢复了平常的状态，很难再爆发出当初那股神奇的力量了。

看上去激素真是个好东西。然而，如果我们的孩子随时可能

---

[1] 以上数据来源于 Nadine Burke Harris 的 TED 演讲 "How childhood trauma affects health across a lifetime"。

被沉重物体压伤,在森林中随时可能被熊袭击,自己的社区随时可能发生跳楼事件,我们是否应该时刻令大脑保持紧绷?在日常生活中,如果脑子里的这根弦一直绷紧,我们永远不知道什么时候会被父母责骂、被同学欺凌,或者家中会发生争吵而自己被伤害……那么我们的心理状态又会如何呢?很有可能,我们会因此产生多种心理问题,比如高度敏感、神经质、焦虑、抑郁、悲观和恐惧等,个别问题甚至会成为性格特质,牢牢地嵌在我们身上。

从生理学角度解释,这是因为体内的激素含量长期处于高位,没有时间得到稀释,频繁的不安情境又导致激素不断分泌,大脑反复向垂体发送信号:"释放激素!不要停!"随着时间的推移,大脑、内分泌系统和免疫系统都逐渐适应了这种模式,把体内高水平的激素误以为是正常水平加以维持。结果,人的性格过当变得更明显,命运也从此发生偏移。

如果你恰好深受其害,并且想要解决童年创伤带来的负面影响,可以采取以下方法:从长远来看,你需要接受专业的心理治疗,帮助疗愈这些伤痛;在短时间内,寻找一个足够安全的环境,通过倾诉和哭泣等方式,你就可以有效地宣泄长期被压抑的情感。

哭泣不仅仅可以释放肾上腺素,还有去甲肾上腺素。去甲肾上腺素具有平静情绪的作用,因此人们常常在哭泣后感到平静。这也是哭过之后,无论孩子还是成年人都更容易入睡的原因。而人一旦平静了,原有的敏感、焦虑、抑郁、悲观等情绪状态便会缓解很多。

然而,许多成年人很难有机会充分表达情感,尤其是通过哭泣的方式。随着年龄增长,一些人可能会认为哭泣是孩子气的行为，因此不愿意表露情感，即使在面临困难和挫折时也会忍住眼泪。但这种做法只会增加心理压力和不平衡感。此外，即使想要哭泣，周围的环境也可能无法予以理解或支持，甚至还会因哭泣遭受冷漠和指责。

寻找一个能倾诉又有爱的环境是当务之急。情感互助小组是一个很好的选择，在他人的鼓励下，自己会更有分享欲，更容易敞开心扉，释放情感，获得同情和关怀，也更有勇气面对自己的过去，而这种"面对"也有助于后续的心理治疗。

打个比方。过去的某一天，你在一片静谧而美丽的森林中奔跑，突然被灌木丛中的一根木刺刺伤，血流不止。你匆忙处理了伤口，涂上药物并包扎好，感觉似乎没什么大碍。然而随着时间的推移，这个伤口每隔几天就会隐隐作痛。为了减轻这种疼痛，你开始使用止痛药和麻醉剂，起初还有效，但随着时间的推移，伤口的疼痛逐渐升级，最终变得令你无法承受。

你决定就医。医生进行了详细检查后告诉你，伤口深处有一根坚固的木刺，这就是疼痛频繁发作的原因。如果要根治，首先要做的就是切开皮肤，取出木刺。尽管这个决定令你感到紧张，但你明白这是唯一的解决办法，于是你接受了手术，成功取出木刺。尽管手术后仍有些许疼痛，但这次的疼痛却是康复的迹象。随着伤口逐渐愈合，疼痛也真的减轻了，直至消失。

向他人倾诉和哭泣宣泄的过程，就相当于切开皮肤、拔出木刺，只要在足够安全的环境中进行，就有助于疗愈过往的创伤。

拔出木刺只是第一步，真正的疗愈过程需要长时间的修炼与专业的心理治疗辅助。不过，情感互助小组提供了一个安全的起点，这对长期压抑、自卑、焦虑、悲观、恐惧、容易情绪失控的朋友来说极为重要。虽然离开小组后，依然要面对外界的压力，但能因此状态转好，背后还有那么多愿意鼓励支持自己的人，何尝不是件好事呢？

第 32 讲 宜共情

根据《2022 年国民抑郁症蓝皮书》提供的数据，中国目前有高达 9500 万名抑郁症患者；每年约有 28 万人自杀，其中 40% 患有抑郁症。在世界范围内，自杀的众多影响因素中，严重抑郁发作也是最强的预测因子。[1] 一项集合了国内 7987 个样本量的研究分析显示，抑郁症患者自杀意念发生率约为 48.18%。[2]

针对抑郁症患者的治疗，一来需要社会资源的支持，二来需要患者亲友的耐心配合，患者本身的努力也必不可少。许多抑郁症患者会因为身患抑郁而自卑、难受，甚至认为自己一无是处，对社会毫无价值可言，他们可能没有意识到自己拥有潜在的价值。抑郁症患者在康复后很适合从事心理咨询工作，这也是一种自我救赎的方式。

在心理咨询课上，我们常常会探讨一个问题：什么性格的人适合从事心理咨询工作呢？答案千差万别。然而可以肯定的是，

---

[1] Angst F., Stassen H.H., Clayton P.J., et al., "Mortality of patients with mood disorders: follow-up over 34-38 years", *Journal of Affective Disorders*, 2002, 68 (2/3)：167—181.

[2] 张艳、胡德英、丁小萍等：《中国抑郁症患者自杀意念发生率的 Meta 分析》，《护理学杂志》2022 年第 9 期，第 103—106 页。

心理咨询是一个复杂的治疗过程，它包含且不限于下面几个部分：充分了解来访者的情况；倾听来访者内心的声音；挖掘他们没有表达出来的隐藏信息；以最高度共情的态度引导他们走出困境，迈向新的生活阶段，等等。不同性格的咨询师在这个过程中都能彰显自己的优势。外向的咨询师善于创造健谈的氛围，适合打破沉默；细致严谨的咨询师擅长记录、总结和挖掘信息，不会忽视重要的细节；理性坚定的咨询师善于引导和解决问题，可以带领来访者走到终点；温和包容的咨询师擅长倾听和陪伴，能够让来访者感到放松和安全。因此，一位卓越的心理咨询师需要具备多元化的性格特点，这需要通过个性的修炼、丰富的咨询经验和技能的辅助来实现。

看上去，足够"健康"似乎是成为心理咨询师的基线，然而那些曾经因巨大压力而陷入抑郁的人在做心理咨询师上具备极大的优势，因为他们拥有强大的共情能力。这对于让抑郁症患者打开内心、持续分享，以及接受咨询师的引导都至关重要。

这种共情能力并非每个人都能轻松具备。由于性格、文化、年龄和性别等方面的差异，我们很难对他人的痛苦进行充分的情感换位思考，甚至还会用不正确的方法予以对待：有的人会试图通过与来访者相互比较，彰显自己更惨，来达到安慰对方的目的；有的人会开始讲人生大道理，像给来访者上课一样；有的人会采用二次打击的方式刺激来访者，以试图唤起对方觉醒之心；有的人会用转移注意力的方法来试图缓解来访者的情绪……从心理咨询的角度来看，这些常见的方式各有短板。

心理咨询师在面对来访者的陈述时，往往需要遵循"四不"

原则：不批评、不嘲笑、不多话、不提建议。批评和嘲笑会加剧来访者的情感痛苦，自己讲话过多会扼杀来访者的表达欲。真正有效的咨询是帮助来访者找到答案并做出改变，而不是直接给出建议，更不能试图通过转移注意力的方式回避问题。相较之下，共情能力就弥足珍贵了，它使得咨询师与来访者站在同一战壕，成为亲密无间、相互理解的战友，这对提振来访者的信心十分必要，也大大有利于后续的治疗。

曾经有一则新闻引起了广泛的关注。25岁的年轻摄影师因为抑郁症选择了跳海自杀，留下5000字的遗书。个别网友对此评论道："有什么想不开的，挺过去不就好了？""自杀能解决什么问题？去勇敢面对啊！"他们虽然也在表达关心与惋惜，但没有做到足够的共情，即便对方仍在人世，恐怕听到这类评论后也难有被理解的温暖感。

与之相反，那些曾经患有抑郁症或已经从抑郁中走出来的人，更容易具备这种共情能力，他们都曾是在深渊中徘徊的人。抑郁症患者之所以陷入抑郁，通常也是因为情感丰富，因此更容易与他人迅速建立共鸣。

我身边有许多走出抑郁症的人，他们纷纷开始尝试走专业的心理咨询师路线，甚至将其视为自己未来的职业。当他们自己走出困境，并通过强大的共情能力帮助他人时，就找到了自身的价值，走向幸福之路。

从这个角度来看，天生顺境的人虽然值得羡慕，但如果做心理咨询师，恐怕会有难以跨越的障碍，因为没有相关经历，所以在体察他人痛苦时，往往容易表现得平静和理性。然而，这并不意味着天生顺境的人不能成为合格的心理咨询师，上述观点也并不是要求我们为了工作主动去制造和承受痛苦。尽管被动地经历相似的痛苦可以培养共情能力，但通过长期的积极学习和技术训练，也可以达到同样的目标。

当今抑郁症患者数量仍然居高不下，我们必须清楚地认识到："没有爱，再好的药都无济于事。"相互扶持和相互帮助将是有效的解决途径，也能极大地减轻医疗资源方面的压力。与其在亲友陷入困境时才发现无能为力，在对方不幸离世才后悔不已，不如提前做好准备，积极预防。因此，我们在日常生活中应该积累更多的心理学相关知识和技能，或者阅读相关心理学的书籍。虽然我们不一定能成为专家，但至少可以在陷入情绪困境时保护自己，在亲友寻求帮助时能够提供正确的支持，避免情况进一步恶化。

（全文完）

性格决定命运

作者 _ 蒋佳琦

编辑 _ 六日　　装帧设计 _ 创巢视觉　　主管 _ 洪刚
内文排版 _ 于欣　　技术编辑 _ 白咏明　　责任印制 _ 刘淼　　出品人 _ 金锐

果麦
www.goldmye.com

以 微 小 的 力 量 推 动 文 明

图书在版编目（CIP）数据

性格决定命运 / 蒋佳琦著. -- 西安：太白文艺出版社，2025.5. -- ISBN 978-7-5513-2909-5

Ⅰ. B848.6-49

中国国家版本馆 CIP 数据核字第 2025VQ6627 号

性格决定命运
XINGGE JUEDING MINGYUN

著　　者	蒋佳琦
责任编辑	熊　菁　睢华阳
封面设计	创巢视觉
出版发行	太白文艺出版社
经　　销	新华书店
印　　刷	北京盛通印刷股份有限公司
开　　本	875mm×1235mm　1/32
字　　数	123 千字
印　　张	5.5
版　　次	2025 年 5 月第 1 版
印　　次	2025 年 5 月第 1 次印刷
印　　数	1-5,000
书　　号	ISBN 978-7-5513-2909-5
定　　价	49.80 元

版权所有 翻印必究

如有印装质量问题，可寄出版社印制部调换

联系电话：029-81206800

出版社地址：西安市曲江新区登高路 1388 号（邮编：710061）

营销中心电话：029-87277748　029-87217872